FORSCHUNGSBERICHTE
DES WIRTSCHAFTS- UND VERKEHRSMINISTERIUMS
NORDRHEIN-WESTFALEN

Herausgegeben von Staatssekretär Prof. Leo Brandt

Nr. 117

Dr.-Ing. H. Beisswänger
Dr.-Ing. S. Schwandt

Untersuchungen an einigen Problemen des Tiefziehens
II. Teil

im Auftrage der
Forschungsgesellschaft Blechverarbeitung, Düsseldorf

Als Manuskript gedruckt

Springer Fachmedien Wiesbaden GmbH
1954

ISBN 978-3-663-19387-6 ISBN 978-3-663-19525-2 (eBook)
DOI 10.1007/978-3-663-19525-2

Forschungsberichte des Wirtschafts- und Verkehrsministeriums Nordrhein-Westfalen

Untersuchungen über den Einfluß der Werkzeugform auf die maximale Ziehkraft und das maximal erreichbare Ziehverhältnis beim Weiterschlag runder zylindrischer Hohlteile[1]

Gliederung

Einleitung und Aufgabenstellung	S. 5
1. Versuchseinrichtungen, Werkzeuge und Versuchswerkstoffe	S. 6
2. Die Verformungsmechanik im An- und Weiterschlag	S. 10
3. Versuchsergebnisse	S. 20
Zusammenfassung	S. 74
Literaturverzeichnis	S. 77

Forschungsberichte des Wirtschafts- und Verkehrsministeriums Nordrhein-Westfalen

Einleitung und Aufgabenstellung

Das Tiefziehen runder Teile im Anschlag wurde bereits vielfach untersucht. Dagegen liegen über das Ziehen im Weiterschlag nur wenig Forschungsarbeiten vor. Häufig werden Angaben über die beim Weiterschlag mögliche Werkzeugabstufung gemacht, meist jedoch ohne Nennung der Werkzeugabmessungen und Ziehbedingungen. In Anlehnung an früher durchgeführte Untersuchungen über den Anschlagzug runder Teile[2,3,4,)] wurde daher das Tiefziehen im ersten Weiterschlag mit St VIII 23, Ms 63, Al 99,8 und rostfreiem Stahl (mit 18 % Cr und 8 % Ni) untersucht. Dabei wurde der Einfluß der Abrundungen von Ziehring und Stempel, sowie der Einfluß des Ziehringwinkels, außerdem der Einfluß der Spaltweite zwischen Ring und Stempel auf die Ziehkraft und die Bodenreißkraft ermittelt. Weiter wurde das größtmögliche Ziehverhältnis im ersten Weiterschlag bestimmt, in der Regel ohne Zwischenglühung nach dem Anschlag, in einigen Fällen jedoch auch nach einer Zwischenglühung. Darüber hinaus wurde untersucht, wie bei mehreren Zügen das Ziehverhältnis in An- und Weiterschlag gewählt werden muß, um bei einer vorgegebenen Zugzahl ein größtmögliches Gesamtziehverhältnis zu erreichen. In diesem Zusammenhang wurde auch der Einfluß der Auslagerungszeit im Anschlag gezogener Teile auf die Ziehfähigkeit im Weiterschlag geprüft. Außerdem wurden Vorversuche zur Bestimmung des mit mehreren Zügen maximal erreichbaren Gesamtziehverhältnisses durchgeführt.

Daneben war zu bestimmen, von welcher Blechdicke an im Weiterschlag halterfrei gezogen werden kann, außerdem die beim Ziehen mit Niederhalter erforderliche spezifische Mindesthalterpressung. Zum Vergleich wurde im Anschlag ebenfall diese Mindesthalterpressung bestimmt. Für die verschiedenen Werkstoffe wurde das im Anschlag maximal mögliche Ziehverhältnis bestimmt, neben der Ermittlung der üblichen Werkstoffkennwerte.

Forschungsberichte des Wirtschafts- und Verkehrsministeriums Nordrhein-Westfalen

1. Versuchseinrichtungen, Werkzeuge und Versuchswerkstoffe

Zur Durchführung der Versuche stand eine Universalwerkstoffprüfmaschine[5] mit eingebautem Ziehprüfgerät zur Verfügung. Abbildung 1 zeigt einen Schnitt durch das für die Weiterschlaguntersuchungen abgeänderte Gerät. Auch sämtliche im Weiterschlag bei den Untersuchungen gezogenen Becher wurden mit diesem Gerät und entsprechenden Anschlagziehwerkzeugen vorgezogen. Mit dem Gerät selbst konnte der Hub von 300 mm der 35 t-MAN-Prüfmaschine voll ausgenutzt werden. Zur Ziehkraftmessung diente das zur Prüfmaschine gehörende Pendelmanometer in den Laststufen 7 - 17,5 und 35 t. Mit einer Schreibvorrichtung konnten Kraft-Weg-Schaubilder aufgenommen werden. Die Ziehgeschwindigkeit betrug in der Regel 0,15 m/min. Bei Diagrammaufnahmen mußte der Ziehvorgang wegen der Trägheit des Pendels mit einer Ziehgeschwindigkeit von 0,017 m/min eingeleitet werden; die Geschwindigkeit konnte nach einem Ziehweg von einigen Millimetern auf 0,06 m/min erhöht werden. Die Ziehgeschwindigkeit der Prüfmaschine weicht erheblich von jener der Betriebspressen ab. Doch wurde bereits der Einfluß der Ziehgeschwindigkeit im Anschlagzug für St VIII 23 und Ms 63[5] untersucht und festgestellt, daß von 0,1 bis rd. 30 m/min das größtmögliche Ziehverhältnis praktisch unverändert bleibt und sich bis zu Fallhammergeschwindigkeiten von rd. 240 m/min nur gering verschlechtert. Al 99,5 zeigt nach neueren Untersuchungen nahezu dasselbe Geschwindigkeitsverhalten wie St VIII 23 und Ms 63, während sich bei nichtrostendem Stahl (V2A) das größtmögliche Ziehverhältnis von 2,12 bei 0,1 m/min auf 2,03 bei 15 m/min, bzw. auf 1,94 bei 240 m/min verringerte. Die Geschwindigkeitsversuche werden für V2A mit verbesserter Schmierung der Ronde wiederholt, da das erreichbare Ziehverhältnis bei diesem Werkstoff - im Gegensatz zu den übrigen - stärker vom Schmiermittel abhängt. Auf Grund der genannten Anschlagziehversuche bei verschiedenen Geschwindigkeiten kann angenommen werden, daß sich die bei St VIII 23, Ms 63 und Al für den Weiterschlag bei geringen Geschwindigkeiten gewonnenen Erkenntnisse ohne Einschränkung auf das Ziehen mit Betriebspressen übertragen lassen, während beim nichtrostenden Stahl ein geringer Geschwindigkeitseinfluß erwartet werden muß.

Bei dem für die Versuche benutzten Ziehprüfgerät wird der Kolben des Niederhalters pneumatisch betätigt. Zur Verfügung steht Preßluft von höchstens 20 atü, die über ein Druckminderventil zugeleitet wird. Der Druck wird

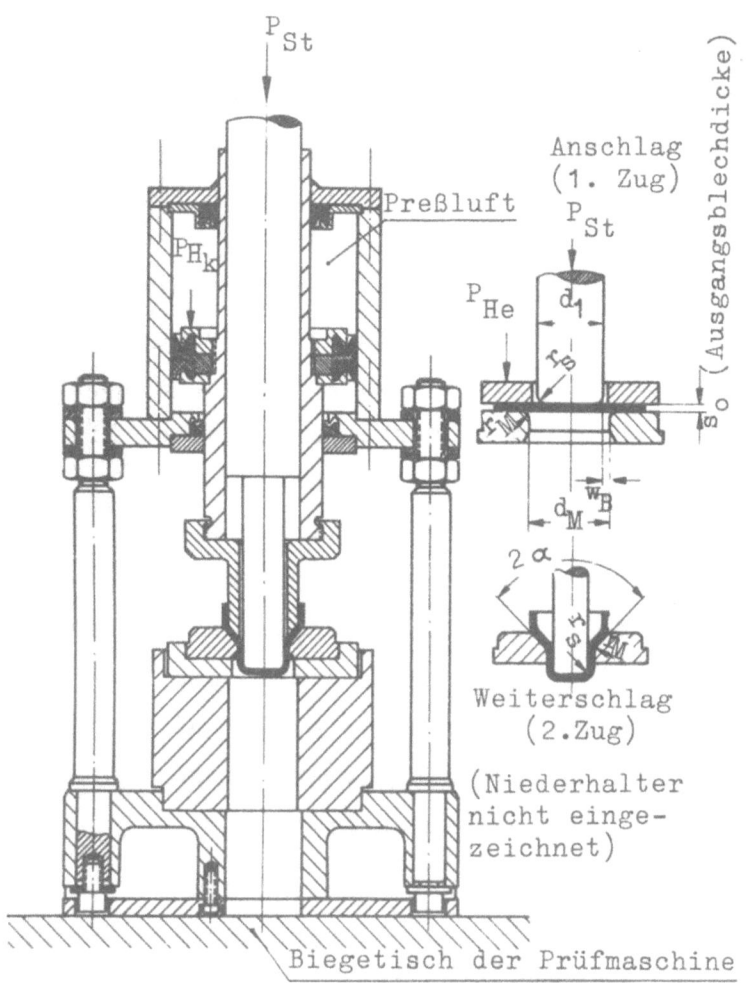

Abbildung 1
Ziehvorrichtung für Weiterschlagsversuche

an einem Manometer abgelesen. Die Niederhalterkraft beträgt höchstens 2200 kg, bei Niederhalterkräften unter 100 kg wird mit Gegendruck auf der unteren Kolbenfläche gearbeitet, um die Halterkraft bei großem Preßluftdruck hinreichend genau einstellen zu können. Die Halterkraft wurde in Abhängigkeit des Manometerdrucks durch Kraftmessung bestimmt.

Der Stempelträger ist im Niederhalterkolben geführt und so mit der Prüfmaschine verbunden, daß von dort nur Druck- oder Zugkräfte übertragen werden können. Der Niederhalter kann planparallel zum Ziehring eingestellt und der Ziehring durch vier Zentrierschrauben zum Stempel zentriert werden.

Die zur Durchführung der Versuche benutzten Stempel waren aus gehärtetem Stahl; sie waren an der Arbeitsfläche geschliffen und poliert. Die

Ziehringe wurden ebenfalls, wenn nicht besonders angegeben, für die Anschlagzüge sowie für Weiterschläge bei Ziehringwinkeln von $2\alpha = 90°$ aus gehärtetem Stahl hergestellt und an den Arbeitsflächen geschliffen und poliert. Sämtliche Stahlringe stammten aus früheren Versuchen. Die übrigen Ringe wurden aus Spezialgußeisen durch Drehen hergestellt und auf der Drehbank an den Arbeitsflächen mit Schmirgelleinen poliert. (Ziehringe aus Gußeisen werden als solche bei den Werkzeugangaben jeweils genannt). Durch besondere Versuche war in anderem Zusammenhang gefunden worden, daß der Unterschied im Ziehergebnis zwischen Ziehringen aus gehärtetem und geschliffenem Stahl und solchen aus dem benutzten Spezialgußeisen gering ist. Die Auswertung der Versuche wurde zwar durch diese Kombination gelegentlich erschwert, die Versuchsergebnisse selbst wurden jedoch dadurch in den wesentlichen Punkten nicht beeinflußt. Der Spalt zwischen Ziehring und Stempel war gleich dem 1,4-fachen der Ausgangsblechdicke. Ein Abstrecken erfolgte außer bei einigen gesondert behandelten Versuchen daher nicht. Die Gußringe genügten daher für die ohne Abstrecken durchgeführten Ziehversuche.

In Tabelle 1 sind für die in die Untersuchung einbezogenen Werkstoffe, die Analysen, die Kennwerte des Zugversuchs, die Vickershärte H_V und die Erichsentiefung t genannt. Dabei wurde die Bruchdehnung δ an Zugstäben nach DIN 50 114 mit 50 mm Meßlänge bestimmt. St VIII 23, 1,25 mm dick, hatte infolge sehr langer Auslagerung wieder eine ausgeprägte Streckgrenze und damit eine Neigung zur Fließfigurenbildung, außerdem bildeten sich in der Regel beim Ziehen in und senkrecht zur Walzrichtung relativ hohe Zipfel. Das Gefüge dieses St VIII 23 zeigte außer einigen Schlackenzeilen keine Besonderheiten. Der Stahl St VIII 23, 1,0 mm dick, hatte geringe Neigung zur Zipfelbildung und keine Neigung zur Fließfigurenbildung.

Bei den Messingblechen der verschiedenen Blechdicke fällt ein stärkerer Unterschied in der Dehnung auf. Die Bleche mit einer Ausgangsblechdicke $s_o = 1,0$; 0,8 und 0,6 mm ergaben beim Ziehen vier Zipfel von geringer Höhe unter $45°$ zur Walzrichtung, ebenso zeigte das Aluminium eine leichte Zipfelbildung.

Forschungsberichte des Wirtschafts- und Verkehrsministeriums Nordrhein-Westfalen

T a b e l l e 1

Chemische Zusammensetzung und mechanische Eigenschaften der untersuchten Werkstoffe

	s_o mm	C %	Si %	Mn %	P %	S %	Cr %	Ni %	$\sigma_{0,2}$ kg/mm²	σ_B kg/mm²	δ %	H_v kg/mm²	t mm
1. St VIII 23	1,25	0,05	0,01	0,35	0,023	0,038	-	-	WR 21,2 Dr 24,2 QR 23,2	35,8 38,3 36,7	38 35 30	110	10,5
2. St VIII 23	1,0	0,095	0,07	0,36	0,025	0,03	-	-	20,6	34,0	42,5	97	9,9
3. 304 (USS 18-8)	1,2	0,07	-	-	-	-	18,8	8,5	21,4	60,2	67	165	13,3
4. Al 99,8	1,25	-	-	-	-	-	-	-	3,5	6,8	34-40	19	11,6

	s_o mm	Cu %	Pb %	Fe %	Zn %	$\sigma_{0,2}$ kg/mm² WR	$\sigma_{0,2}$ kg/mm² QR	σ_B kg/mm² WR	σ_B kg/mm² QR	δ %	H_v kg/mm²	t mm
5. Ms 63	1,25	64,4	0,02	0,015	Rest	15,96	15,96	36,6	36,4	55-59	81,1	12,9
6. Ms 63	1,0	63,4	Spur	0,05	Rest	14,95	14,18	36,5	35,6	50-58	70,1	12,8
7. Ms 63	0,8	63,6	0,01	0,02	Rest	17,95	18,3	39,4	38,6	40-50	84	11,5
8. Ms 63	0,6	63,3	0,01	0,27	Rest	13,5	15,25	36,0	36,3	48-55	79,5	11,7
9. Ms 63	0,5	63,4	Spur	0,0	Rest	15,2	14,4	35,2	33,2	34-38	75,0	11,5
10. Ms 63	0,4	62,8	0,02	0,02	Rest	14,7	15,3	36,5	36,5	52-58	76,6	11,0

WR In Walzrichtung gemessen
DR Diagonal zur Walzrichtung gemessen
QR Quer zur Walzrichtung gemessen

2. Die Verformungsmechanik im An- und Weiterschlag

Die Verformungsmechanik des An- und Weiterschlags wird ausführlich an anderer Stelle behandelt und es soll daher hier nur kurz darauf eingegangen werden. Beim Anschlag geht die Verformung zwischen Ziehring und Halter entlang der Ziehringrundung vor sich, wenn ohne Abstrecken gearbeitet wird. Die erforderliche Kraft wird vom Stempel über Becherboden und Becherrundung in die Verformungszone übertragen. Die Größe dieser Stempelkraft ist durch die Verhältnisse in der Verformungszone bedingt. Abbildung 2 zeigt ein Stempelkraft-Stempelweg-Diagramm des Anschlagzugs. Die maximale Stempelkraft wächst mit zunehmendem Rondendurchmesser (Abb. 3). Von einem bestimmten Rondendurchmesser ab treten Bodenreißer auf, d.h. dann, wenn die größte Stempelkraft gleich der durch die Verhältnisse an der Stempelrundung bedingten Bodenreißkraft wird. Die Bodenreißkraft nimmt bei größeren Rondendurchmessern wieder ab, weil der Bruch in einem frühen Stadium erfolgt, in dem das Blech noch nicht voll an der Stempelrundung anliegt.

Ziehring- bzw. Stempelrundung haben einen großen Einfluß auf Stempelkraft bzw. Bodenreißkraft und damit auf das größte Ziehverhältnis. Beim Ziehen mit Abstrecken wird sowohl die Stempel- wie auch die Bodenreißkraft erhöht; das größte Ziehverhältnis hängt von der Größe der Abstreckung ab und ist in der Regel größer als beim reinen Tiefziehen.

Beim Ziehen im Anschlag kann die Spannungsverteilung in der Verformungszone über verschiedene Ansätze[6,7] bestimmt werden. Die im Ziehteil vorhandene Spannungsverteilung ist dabei aus Abbildung 4 links ersichtlich. σ_t ist eine tangentiale Druckspannung, σ_r eine radiale Zugspannung.

Im Bereich plastischer Verformung kann als Fließbedingung die Schubspannungshypothese benutzt werden, die besagt, daß $\sigma_r - \sigma_t = k_f$ ist. k_f ist ein Werkstoffkennwert, der vom Verformungsgrad abhängt und durch Zug- oder Druckversuche bestimmt wird. Die Fließkurve eines Werkstoffs stellt diese sogenannte Formänderungsfestigkeit k_f in Abhängigkeit vom Verformungsgrad dar. Beim Ziehen im An- und Weiterschlag ist am Rand der Verformungszone $\sigma_r = 0$, somit $\sigma_t = -k_f$. σ_t nimmt gegen den Stempeldurchmesser hin ab, σ_r entsprechend der Fließbedingung zu.

Forschungsberichte des Wirtschafts- und Verkehrsministeriums Nordrhein-Westfalen

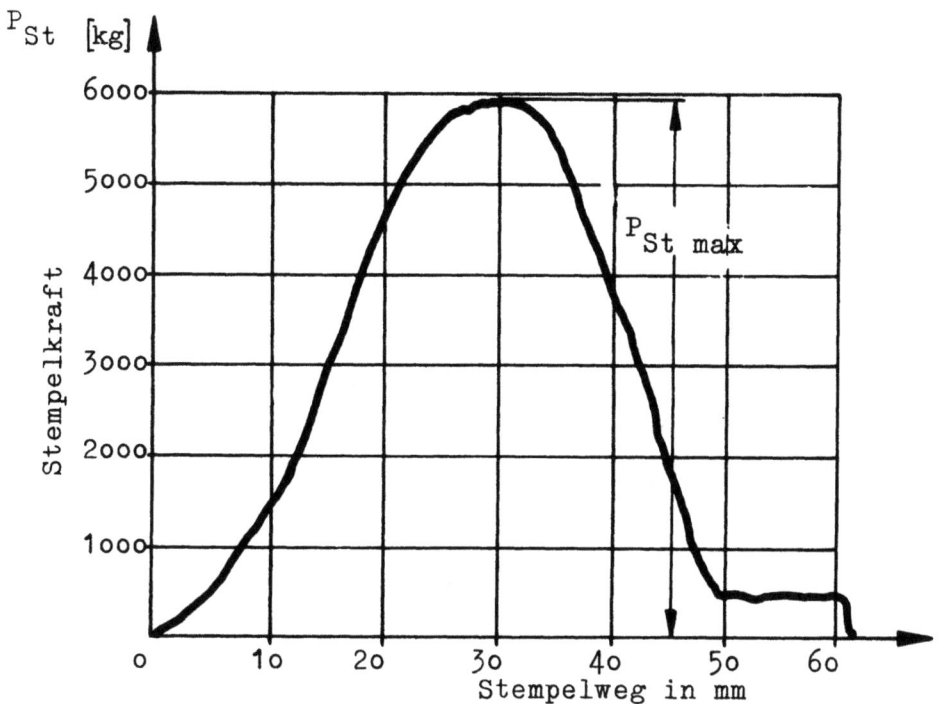

A b b i l d u n g 2

Stempelkraft und Stempelweg beim Anschlag

Ms 63, D_o = 94 mm, s_o = 1,25 mm, d_1 = 45,7 mm, r_m = 1o mm, r_s = 15 mm.

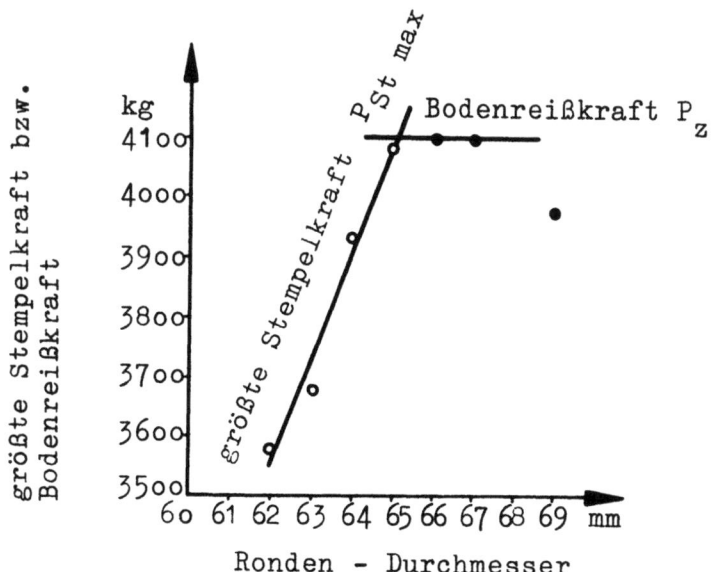

A b b i l d u n g 3

Größte Stempelkraft und Bodenreißkraft in Abhängigkeit vom Rondendurchmesser beim Ziehen im Anschlag (Ms 63, s_o = 1,o mm, d_1 = 32 mm)

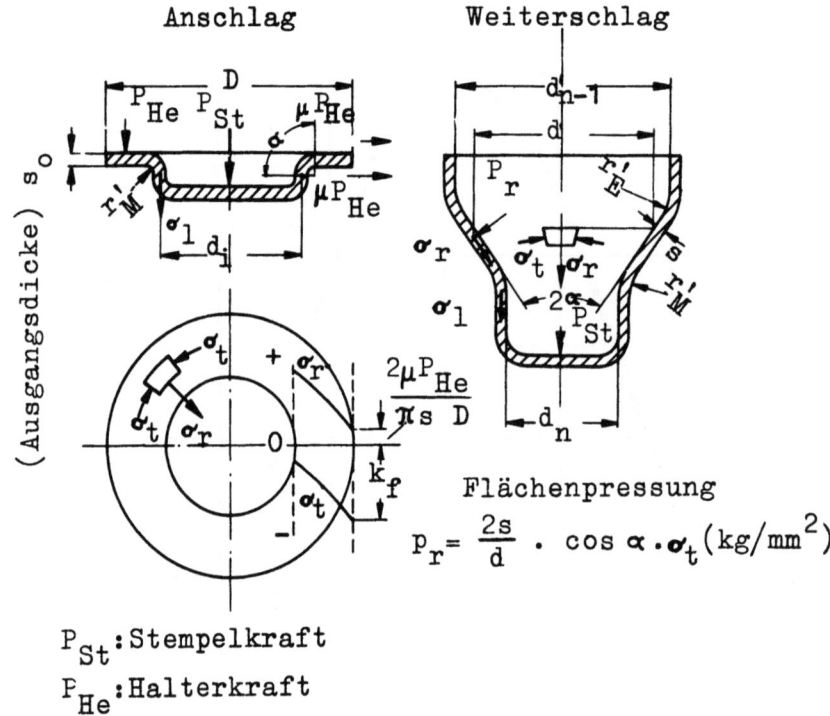

Abbildung 4

Spannungen in Ziehteilen bei An- und Weiterschlag (Werkzeuge nicht eingezeichnet)

Für die Stempelkraft im Anschlag gilt unter Berücksichtigung des nahezu ebenen Materialflusses folgende Gleichung:

(1a) $$P'_{St} = \pi \cdot d_i \cdot s_o \cdot (e^{\mu \alpha} \cdot \underbrace{\left[1{,}1 \cdot k_{f_{mI}} \cdot \ln \frac{D}{d_i}\right.}_{\substack{\text{Verformung (Durch-}\\\text{messer-Reduktion}\\\text{der Ronde auf } d_i)}} + \underbrace{\frac{2\mu \cdot P_{He}}{\pi \cdot D \cdot s_o}\Bigg]}_{\substack{\text{Reibung}\\\text{zwisch. Ring}\\\text{und Halter}}} + \underbrace{k_{f_{mII}} \cdot \frac{s_o}{2\, r_M}}_{\substack{\text{Biegung um die}\\\text{Ringrundung}}})$$

Forschungsberichte des Wirtschafts- und Verkehrsministeriums Nordrhein-Westfalen

Wenn der natürliche Logarithmus durch den dekadischen ersetzt wird, so lautet die Gleichung:

$$(1b) \quad P'_{St} = \pi \cdot d_i \cdot s_o \cdot \left(e^{\mu \alpha} \cdot \left[2{,}53 \cdot k_{f_{mI}} \cdot \log \frac{D}{d_i} + \frac{2\mu \cdot P_{He}}{\pi \cdot D \cdot s_o} \right] + k_{f_{mII}} \cdot \frac{s_o}{2\, r_M} \right)$$

Die Abmessungen und Kräfte sind aus Abbildung 4, links ersichtlich. $k_{f_{mI}}$ ist die mittlere Formänderungsfestigkeit in der Ebene zwischen Ring und Halter (zwischen den Durchmessern D und d_i), $k_{f_{mII}}$ die mittlere Formänderungsfestigkeit entlang der Rundung. μ ist Reibungskoeffizient, e ein Zahlenfaktor (e = 2,72); $e^{\mu \alpha}$ ergibt die Spannungserhöhung durch die Reibung entlang r_M.

Der durch die Biegung um die Ringrundung bedingte Stempelkraftanteil kann nur dann über das Glied $k_{f_{mII}} \cdot \frac{s_o}{2\, r_M}$ berechnet werden, wenn die Ringrundung r_M bzw. die sich am Ziehteil einstellende Rundung r'_M wesentlich größer als die Blechdicke s_o sind.

Die Gleichungen 1a und 1b gelten für ein beliebiges Zwischenstadium mit dem dabei vorhandenen Außendurchmesser D. Das Stempelkraftmaximum wird nahezu unabhängig vom Werkstoff und vom Ziehverhältnis dann erreicht, wenn $D = D_P \approx 0{,}77\, D_o$ ist (D_o = Ausgangsrondendurchmesser). Die größte Stempelkraft ist dann:

$$(1c) \quad P'_{St\,max} = \pi \cdot d_i \cdot s_o \left(e^{\mu \alpha} \left[1{,}1\, k_{f_{mI}} \cdot \ln \frac{D_P}{d_i} + \frac{2\mu\, P_{He}}{D_P\, s_o} \right] + k_{f_{mII}} \cdot \frac{s_o}{2\, r_M} \right)$$

Der Reibungskoeffizient beträgt bei Werkzeugen aus gehärtetem Stahl und Ms 63 als Ziehblech mit Maschinenöl als Schmiermittel etwa $\mu = 0{,}15$. Für Ms 63 von 1,2 mm Dicke, einen Rondendurchmesser von 64 mm, einen Stempeldurchmesser von 32 mm und eine Ringrundung von 5,3 mm setzt sich die Stempelkraft im Stadium des Stempelkraftmaximums wie folgt zusammen:

$$P'_{St\,max} \approx \pi\, d_i\, s_o\, (1{,}265\, [20{,}5 + 0{,}07] + 5{,}5) = 125\, (26{,}0 + 5{,}5) = 3940 \text{ kg.}$$

Demnach überwiegt der eigentliche Verformungsanteil mit 20,5 kg/mm^2, während der von der Mindesthalterkraft herrührende Reibungsanteil mit 0,07 kg/mm^2 sehr klein ist. Die Ringrundung ist mit je rd. 5 kg/mm^2 durch Reibung bzw. Biegung beteiligt. Bei der Berechnung des Biegungsanteils ist vorausgesetzt, daß das Blech sich voll an die Rundung anschmiegt. Bei größerem Ziehspalt ist damit zu rechnen, daß sich eine größere Rundung einstellt.

Es wurde eine maximale Stempelkraft von $P_{St\ max}$ = 3600 kg gemessen. Die Übereinstimmung zwischen Rechnung und Messung ist zufriedenstellend. Die Reibungs- und Biegungsanteile werden im sogenannten Formänderungswirkungsgrad η_{Form} erfaßt. Dieser stellt das Verhältnis von eigentlicher Verformungsarbeit zu wirklich aufgebrachter Arbeit dar und entspricht etwa auch dem Verhältnis von eigentlicher Verformungskraft zu aufgebrachter Kraft in den verschiedenen Ziehstadien. Beim vorliegenden Zahlenbeispiel beträgt dieser Wirkungsgrad

$$\eta_{Form} = \frac{125 \cdot 20,5}{3600} \cdot 100 = 71,4\ \%$$

Abbildung 4 zeigt rechts die Verhältnisse für den <u>Weiterschlag.</u> Dabei herrscht in dem noch unverformten zylindrischen Teil mit Innendurchmesser d_{n-1} keine Spannung. Beim Beginn der Rundung r'_E setzt die Verformung ein, einerseits als Durchmesseränderung, andererseits als Biegung um die sich selbst einstellende Rundung r'_E. Die Durchmesserverkleinerung geht bis d_n, wobei am Ende wieder eine Biegung um r_M erfolgt. Die sich dort am Ziehteil einstellende Rundung r'_M ist meist größer als r_M.

Im folgenden wird hauptsächlich das Ziehen im Weiterschlag ohne Niederhalter untersucht. Wie bereits[4)] beim halterfreien Ziehen mit konischen Ringen nachgewiesen wurde, wirkt bei derartigen konischen Ringen auch ohne Niederhalter eine Flächenpressung p_r, bedingt durch die tangentiale Druckspannung σ_t. Dabei ist

$$(2) \qquad p_r = \frac{2s}{d} \cdot \cos \alpha \cdot \sigma_t$$

Die Ableitung dieser Gleichung ist über das Kräftegleichgewicht an dem eingezeichneten Flächensegment an Hand von Abbildung 4, rechts, möglich.

Durch diese Flächenpressung p_r ist eine Reibungskraft bedingt, wodurch die durch Verformung, die Biegung um r'_E bzw. r'_M, und durch Reibung entlang r_M bedingte Zugspannung σ_r bzw. σ_1 weiter erhöht wird.

In Abbildung 5 ist eine Weiterschlag-Stadienfolge dargestellt, aus der hervorgeht, daß sich der Rand des Ziehteils bis zum Stadium der größten Stempelkraft aufweitet. Der dabei noch vorhandene Flansch liegt stets voll am Ziehring an, unabhängig von Ziehwinkel und Ziehverhältnis. In diesem Stadium erfolgt somit keine Biegung mehr um r'_E (siehe Abb. 6).

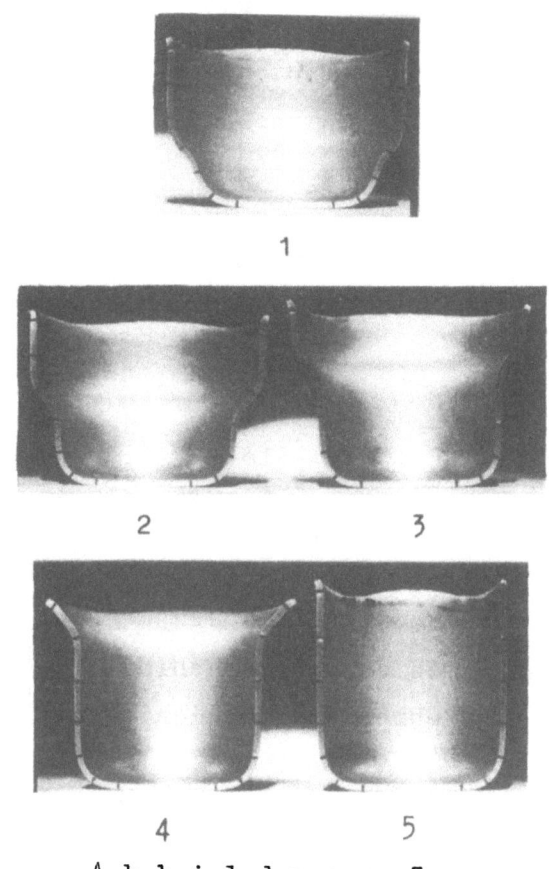

A b b i l d u n g   5

Ziehstadien im Weiterschlag bei St VIII 23;
$s_o = 1,25$ mm $D_o = 82$ mm $d_1 = 45,7$ mm $d_2 = 34,3$ mm $2\alpha = 90°$

Der durch p_r bedingte Reibungsanteil wird bei der Stempelkraftberechnung in erster Näherung erfaßt, indem mit Hilfe der Fließbedingung eine mittlere tangentiale Druckspannung σ_{tm} der Verformungszone bestimmt wird. Damit gilt für die größte Ziehkraft im Weiterschlag

$$(3a) \quad P'_{St\ max} = \pi \cdot d_i \cdot s \left(e^{\mu\alpha} \cdot \left[1,1\ k_{f_{mI}} \ln \frac{d_P}{d_i} + 2 \left(\frac{d_P - d_i}{d_P + d_i} \right) \frac{\mu}{tg\alpha} \cdot \sigma_{tm} \right] + k_{f_{mII}} \cdot \frac{s}{2\ r_M} \right)$$

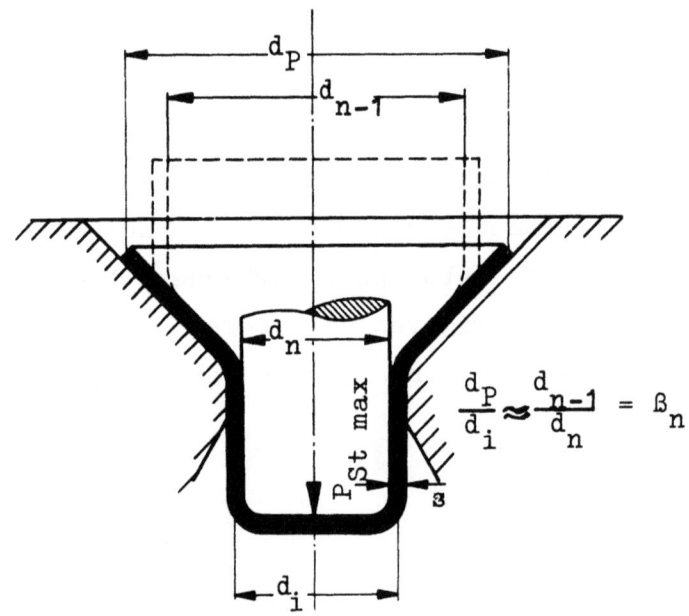

Abbildung 6
Stadium der größten Stempelkraft im Weiterschlag

oder

(3b) $P'_{St\,max} = \pi \cdot d_i \cdot s \left(e^{\mu\alpha} \cdot \left[2{,}53 k_{f_{mI}} \log\frac{d_P}{d_i} + 2\left(\frac{d_P - d_i}{d_P + d_i}\right)\frac{\mu}{tg\,\alpha} \cdot \sigma_{tm} \right] + k_{f_{mII}} \cdot \frac{s}{2\,r_M} \right)$

Die bei Weiterschlägen relativ kleine Formänderung $\ln\frac{d_P}{d_i}$ kann ohne nennenswerte Verminderung der Genauigkeit durch den auf den mittleren Durchmesser $\frac{d_P + d_i}{2}$ bezogenen Durchmesserunterschied $2\frac{d_P - d_i}{d_P + d_i}$ ausgedrückt werden. Ebenso ist der umgekehrte Weg möglich. Damit wird:

$P'_{St\,max} \approx \pi \cdot d_i \cdot s \left(2e^{\mu\alpha} \cdot \frac{d_P - d_i}{d_P + d_i} \left[1{,}1\, k_{f_{mI}} + \frac{\mu}{tg\,\alpha} \cdot \sigma_{tm} \right] + k_{f_{mII}} \cdot \frac{s}{2\,r_M} \right)$

oder

$P'_{St\,max} \approx \pi \cdot d_i \cdot s \left(e^{\mu\alpha} \cdot \ln\frac{d_P}{d_i} \left[1{,}1\, k_{f_{mI}} + \frac{\mu}{tg\,\alpha} \cdot \sigma_{tm} \right] + k_{f_{mII}} \cdot \frac{s}{2\,r_M} \right)$

oder

$P'_{St\,max} \approx \pi \cdot d_i \cdot s \left(2{,}53\, e^{\mu\alpha} \log\frac{d_P}{d_i} \left[1{,}1\, k_{f_{mI}} + \frac{\mu}{tg\,\alpha} \cdot \sigma_{tm} \right] + k_{f_{mII}} \cdot \frac{s}{2\,r_M} \right)$

Der Reibungskoeffizient μ kann nur angenähert bestimmt werden. Er beträgt je nach dem Werkstoff von Ziehteil und Werkzeug, bezw. je nach Oberflächenbeschaffenheit und Schmierung etwa 0,1 bis 0,15. Infolge dieses relativ kleinen Reibungskoeffizienten wird die Genauigkeit nur wenig beeinflußt, wenn σ_{tm} durch k_{f_m} ersetzt und darüber hinaus $k_{f_{mI}} = k_{f_{mII}} = k_{f_m}$ gesetzt wird. Die Ziehkraftgleichung lautet somit

$$(3b) \quad P'_{St\ max} \approx \pi \cdot d_i \cdot s \cdot k_{f_m} \cdot \left(2e^{\mu\alpha} \cdot \frac{d_P - d_i}{d_P + d_i}\left[1{,}1 + \frac{\mu}{tg\alpha}\right] + \frac{s}{2\ r_M}\right)$$

Sämtliche Gleichungen gelten nur, wenn die Ringrundung r_M bzw. die sich am Ziehteil einstellende Rundung r'_M wesentlich größer als die Blechdicke sind.

Ähnliche Verhältnisse wie beim Weiterschlag liegen beim Rohrzug vor[6].

Es sei vorweggenommen, daß sich die Becher unabhängig vom Winkel etwa auf dasselbe Maß d_P aufweiten, wenn ohne Führung des Becheraußendurchmessers gezogen wird (siehe Abb. 7 links). Weiter sei vorweggenommen, daß die Rundung r'_M am Ziehteil trotz konstanter Ziehringrundung r_M mit kleiner werdendem Ziehringwinkel α größer wird.

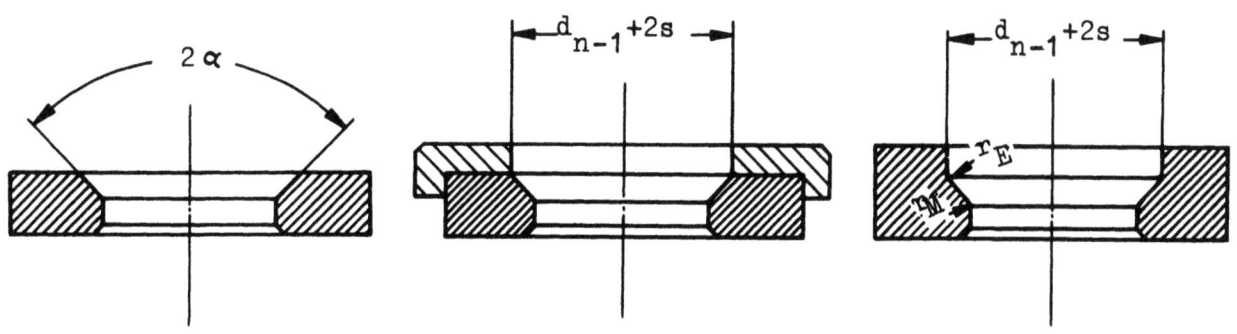

A b b i l d u n g 7
Formen von Weiterschlagziehringen

Da sich bei einer Variation des Ziehringwinkels die Formänderungsfestigkeiten $k_{f_{mI}}$ und $k_{f_{mII}}$ wenig ändern, folgt nach Gleichung (3b), daß sich der Verformungsanteil $\sigma_{lv} = 2{,}53\ k_{f_{mI}} \cdot \log \frac{d_P}{d_i}$ und entsprechend auch σ_{tm} nur gering ändern können. Daraus ergibt sich, daß mit kleiner werdendem Ziehringwinkel α und entsprechendem Ansteigen des Wertes $\frac{1}{tg\alpha}$ der durch p_r bedingte Reibungsanteil

$$2\left(\frac{d_P - d_i}{d_P + d_i}\right) \cdot \frac{\mu}{tg\alpha} \cdot \sigma_{tm}$$

zunimmt, wobei die Zunahme selbst nur klein sein kann, solange tg α ein mehrfaches von μ beträgt. μ kann nach den eingangs gemachten Ausführungen etwa mit 0,15 eingesetzt werden; somit ist diese Bedingung auf jeden Fall erfüllt, wenn der Neigungswinkel α größer als $15°$ gewählt wird (tg $15° \approx$ 0,27). Der Anteil der Kegelflächenreibung an der Ziehkraft erreicht in diesem Falle höchstens die Hälfte des Verformungsanteils.

Nach dem oben Gesagten nimmt der Biegeanteil mit kleiner werdendem Winkel und mit der dadurch wachsenden Ziehteilrundung r'_M ab; der Biegeanteil ist jedoch wesentlich kleiner als der Verformungsanteil, seine Abnahme daher, absolut betrachtet, gering. Der Reibungsanteil der Rundung $e^{\mu \alpha}$ nimmt mit kleiner werdenden Winkeln ab, insgesamt ist jedoch diese Abnahme bei dem in Frage kommenden Winkelbereich gering.

Zusammenfassend kann gesagt werden, daß nach der Stempelkraftgleichung des Weiterschlags bei einer Winkelvariation des Ziehrings nur eine geringe Änderung der Stempelkraft zu erwarten ist, solange nicht mit extrem kleinen Winkeln gearbeitet wird.

Der Verformungsanteil an der Stempelkraft

$$\text{ist } P_{St\ V} = \pi \cdot d_i \cdot s \cdot \sigma_{1V'}$$

der Formänderungswirkungsgrad im Weiterschlag somit

$$\eta \text{ Form} \approx \frac{P_{St\ V}}{P_{St}} \approx \frac{P_{St\ V\ max}}{P_{St\ max}}$$

Abbildung 8 zeigt ein Stempelkraft-Stempelweg-Schaubild des Weiterschlags. Beim Anschlag liegt das Stempelkraftmaximum in Übereinstimmung mit der theoretischen Berechnung etwa in der Mitte des Stempelwegs, während es beim Weiterschlag gegen das Ende des Stempelwegs rückt. Auch dies läßt sich aus den theoretischen Zusammenhängen heraus gut deuten. Beim Anschlag wird der Werkstoff - nach dem Rand des Ziehteils hin zunehmend - kaltverfestigt, bzw. die Blechdicke vergrößert. Entsprechend muß beim Weiterschlag die Stempelkraft gegen das Ende des Stempels zunehmen. Der theoretisch zu erwartende stetige Anstieg ist gestrichelt im Diagramm eingetragen. Die Stempelkraftspitze ist durch die bereits erwähnte Aufweitung des Ziehteils bedingt (es wurde mit dem in Abb. 7 links dargestellten Ring gezogen). Die Aufweitung selbst ist dadurch bedingt, daß

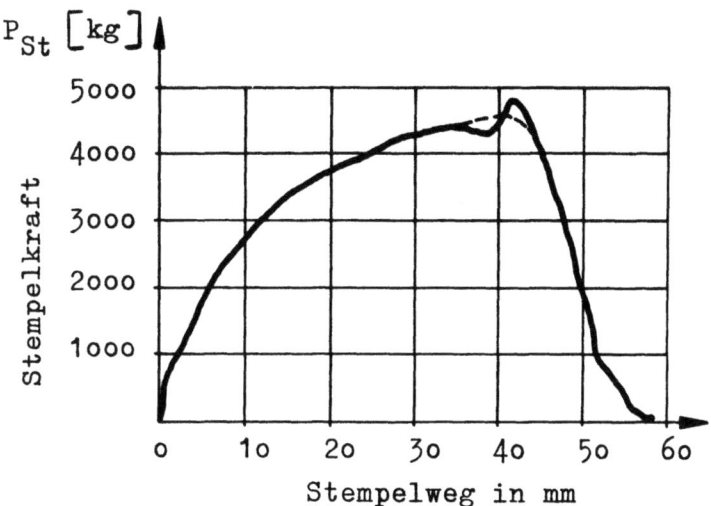

Abbildung 8

Stempelkraft und Stempelweg beim Weiterschlag

Ms 63 $D_o = 94$ mm $s_o = 1,25$ mm $d_1 = 45,7$ mm
$d_2 = 34,3$ mm $r_M = 6,3$ mm $r_s = 6,3$ mm $2\alpha = 90°$ $\beta_2 = 1,33$

sich die Rundung r'_E gegen Ende des Ziehstadiums entsprechend der Höhe und Steifigkeit des noch nicht verformten zylindrischen Teils vergrößern muß. Damit ist auch erklärlich, warum die Stempelkraft vor ihrem eigentlichen Größtwert gering abnimmt.

Der dann am Ring voll anliegende und damit zur Verformung gelangende Blechmantel ist im Durchmesser größer als in den früheren Ziehstadien; daher steigt die Stempelkraft in diesem Stadium steiler an. Es ist somit zu prüfen, ob diese Stempelkraftspitze mit den in Abbildung 7 dargestellten übrigen Ziehringformen beseitigt und damit das Ziehen verbessert werden kann.

An der Stempelrundung liegen beim Weiterschlag dieselben Verhältnisse wie beim Anschlag vor. Es ist daher auch für die Bodenreißkraft mit derselben Abhängigkeit wie beim Anschlag zu rechnen, wobei zu prüfen ist, ob die im Anschlag an der Stempelrundung und in geringem Grade auch am Becherboden auftretende Blechschwächung von Einfluß auf den Weiterschlag ist.

Es wurde bereits dargelegt, daß im konischen Abschnitt des Ziehteils beim Ziehen im Weiterschlag eine Flächenpressung

$$P_r = \frac{2s}{d} \cdot \cos\alpha \cdot \sigma_t$$

wirkt (Gleichung 2, siehe auch Abb. 4). p_r wird dabei mit kleiner werdendem α größer, d.h. beim halterfreien Ziehen nimmt mit kleiner werdendem Ziehringwinkel die Gefahr der Faltenbildung ab.

Gleichung (2) kann für $d = d_{n\,1}$ und $\sigma_t = k_f$ unter Einführung des Ziehverhältnisses $\beta_n = d_{n\,1}/d_n$ wie folgt geschrieben werden:

$$p_r/k_f = \frac{2s}{d_n \cdot \beta_n} \cdot \cos \alpha$$

Hierauf wird später bei der Versuchsauswertung weiter eingegangen.

Es wurden für das halterfreie Ziehen mit konischen Ringen[4] in Abhängigkeit von d_{n-1} für $2\alpha = 90°$ Grenzblechdicken bestimmt, bei denen das Ziehen sich gerade noch ohne wesentliche Faltenbildung durchführen läßt. Dabei wurde nicht nur eine Faltenbildung auf dem Kegelmantel des Ziehrings festgestellt, sondern vor dem vollständigen Anliegen des Blechs am Kegelmantel eine zweite Art der Faltenbildung zwischen Ziehringfläche und Stempelrundung. Diese Art der Faltenbildung wurde auch beim Tiefziehen dünner Bleche mit konischen Ringen[3] in Abhängigkeit von Blechdicke und Werkzeugabmessungen gefunden. Mit dieser Faltenbildung ist auch bei verhältnismäßig dünnen Blechen bei Einleitung des Weiterschlags zu rechnen, wenn das Blech zwischen Stempelrundung und Ziehring noch nicht voll am Ziehring liegt.

3. Versuchsergebnisse

Den im folgenden mitgeteilten Versuchsergebnisse liegen über 3000 Einzelversuche zu Grunde, wobei für jeden Meß-Punkt in der Regel drei, in manchen Fällen fünf und mehr Becher gezogen wurden. Bei Ms 63 und Al 99,8 wurden alle zu einer Gruppe gehörigen Becher im Anschlag vorgezogen, während bei St VIII und dem austenitischen Stahlblech 304 wegen des Alterungseinflusses jeweils nur 15 bis 20 Becher im Anschlag vorgezogen und dann anschließend im Weiterschlag verformt wurden. Als Schmiermittel diente allgemein Maschinenöl, nur bei dem austenitischen Stahl 304 wurde mit Sonderfett gearbeitet.

a) Bestimmung der spezifischen Mindesthalterpressung im Anschlag

Die Versuche wurden mit den in Tabelle 1 aufgeführten Werkstoffen und Blechdicken durchgeführt, wobei Ronden von 98 - 94 - 82 - und 70 mm Dmr. verarbeitet wurden.

Die Abmessungen des Werkzeugsatzes waren bei den jeweiligen Blechdicken:

Blechdicke	Stempel		Ziehring		Spaltweite
s_o [mm]	d_1 [mm]	r_S [mm]	$d_M \emptyset$ [mm]	$r_M{}^+$ [mm]	w_b
1,0 bis 1,25	45,7	1o	49,3	1o,o	
o,6 bis o,8	45,7	1o	48,o*	6,3	$\geqq 1,4\ s_o$
o,4 bis o,5	45,7	1o	47,o*	4,0	

* Ziehring aus Gußeisen; $^+\ r_M \approx 8\ s_{o\ max}$

Als Mindesthalterkraft wird in der Regel diejenige Halterkraft bezeichnet, bei der die Faltenbildung zwischen Niederhalter und Ziehring eben noch unterdrückt wird (es sei hier eingeflochten, daß neben dieser Faltenbildung und der ebenfalls erwähnten zwischen Ring- und Stempelrundung bei relativ großer Ringrundung noch eine Faltenbildung entlang dieser Rundung möglich ist). Die Niederhalterkraft wird vielfach, so auch in dieser Arbeit, auf die Fläche zwischen Ausgangs-Rondendurchmesser und Stempeldurchmesser bezogen und als Niederhalterdruck oder als spezifische Halterpressung bezeichnet.

HERRMANN und SACHS[8] untersuchten die Abhängigkeit der Mindesthalterkraft von der Blechdicke (Abb. 9, unten). Sie konnten bei ihren Versuchen Stempelkraftmessungen durchführen und nahmen im Bereich der Mindesthalterkraft für verschiedene Halterkräfte Stempelkraft-Stempelweg-Diagramme auf. Bei Halterkräften unter den Mindesthalterkräften und einer Spaltbreite $w_B \approx 1,4 \cdot s_o$ trat in den Diagrammen als Folge des Wegdrückens der Falten stets ein zweites Kraftmaximum auf. HERRMANN und SACHS sahen diejenige Halterkraft als Mindesthalterkraft an, bei der dieses zweite Kraftmaximum gerade noch unterdrückt werden konnte. Auffallend ist, daß bei größeren Rondendurchmessern und mittleren Blechdicken die Mindesthalterpressung wieder ansteigt.

Bei den hier vorliegenden Versuchen wurde der Ziehvorgang in verschiedenen Stadien unterbrochen und der Flansch auf vorhandene Falten untersucht. Die Mindesthalterkraft läßt sich nach diesem Verfahren durch rd. fünf Proben mit ausreichender Genauigkeit bestimmen. Das Verfahren kann durch die Beobachtung der Vorgänge am Flansch während des Ziehens noch verfeinert werden.

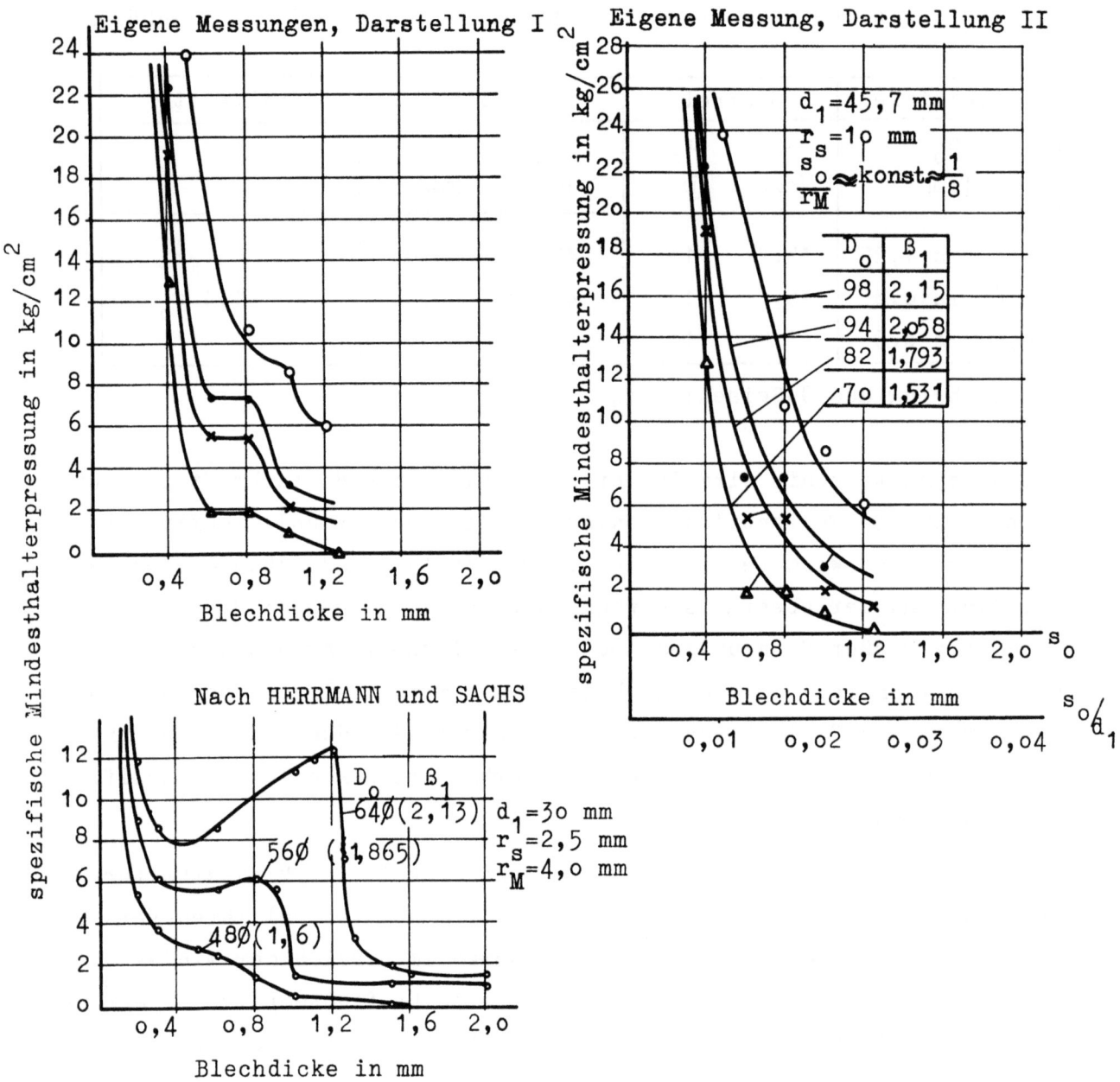

Abbildung 9

Spezifische Mindesthalterpressung im Anschlag für Ms 63
in Abhängigkeit von Blechdicke und Rondendurchmesser

In Abbildung 9 oben sind die eigenen Ergebnisse dargestellt. Dabei wurden zwei Formen der Darstellung gewählt. Bei Darstellung I wurden die Kurven in möglichster Anlehnung an die Meßpunkte eingetragen, bei Darstellung II wurde dagegen versucht, etwaige Meßfehler zu Gunsten einer einfachen Kurvencharakteristik auszugleichen.

Die von HERRMANN und SACHS bei den mittleren Blechdicken gefundenen Maxima ließen sich nicht nachweisen; jedoch zeigt die Darstellung I einige

Ähnlichkeit mit der HERRMANN-SACHS'schen Kurvenschar. Bei dünnen und dikken Blechen ist die Übereinstimmung zwischen den eigenen Messungen und denen von HERRMANN und SACHS befriedigend.

Es ist beim Vergleich der beiden Kurvenscharen noch zu beachten, daß bei HERRMANN und SACHS mit gleichbleibender Ringrundung gezogen wurde, während im vorliegenden Fall auf Grund der Untersuchungen von HERRMANN und SACHS mit einer günstigsten Ringrundung von $r_M \approx 8\,s_o$ gearbeitet wurde. Beim Vergleich ist weiter zu beachten, daß bei Blechdicken von $s_o \geq 1,0$ mm mit einem Stahlring, bei $s_o < 1,0$ mm dagegen mit Gußeisenringen gearbeitet wurde. Gesondert durchgeführte Tastversuche mit Ziehringen gleicher Abmessung aus Stahl bzw. Gußeisen ergaben, daß die Mindestflächenpressung beim Stahlring merklich geringer ist. Die Kurven der Abbildung 9 sind daher nur beschränkt übertragbar. Es scheint notwendig zu sein, die Abhängigkeit und wirkliche Größe der Mindesthalterpressung vor allem im mittleren Blechdickenbereich erneut zu überprüfen.

Bei Darstellung II wurde bei der Abszisse außer der Blechdicke auch noch das Verhältnis von Blechdicke zum Stempeldurchmesser eingetragen, damit auch die mit anderen Stempeldurchmessern gefundenen Halterpressungen verglichen werden können.

Wie aus dem Zahlenbeispiel zur Gleichung (1) ersichtlich ist, hat die Halterkraft bei relativ dicken Blechen nur einen sehr geringen Einfluß auf die Stempelkraft. Das Zieherergebnis wird daher kaum beeinflußt, wenn auch bei kleineren Rondendurchmessern mit der Mindesthalterkraft des größtmöglichen Rondendurchmessers gearbeitet wird. In Tabelle 2 sind für die verschiedenen Werkstoffe und Blechdicken die bei den folgenden Versuchen unabhängig vom jeweiligen Rondendurchmesser konstant gehaltenen Halterkräfte angegeben.

T a b e l l e 2

Halterkräfte für die untersuchten Werkstoffe und Blechdicken
(Stempeldurchmesser $d_1 = 45,7$ mm)

	Ms 63						St VIII 23		Al	304
s_o mm	1,25	1,0	0,8	0,6	0,5	0,4	1,25	1,0	1,25	1,2
P_{He} kg	420	530	980	1400	1650	1950	500	640	100	640

b) Maximale Ziehverhältnisse im Anschlag

Es wurde an anderer Stelle[9] bereits dargelegt, daß das Erichsenverfahren bei der Blechauswahl für zylindrische Ziehteile nocht voll befriedigt. Nach eigenen Untersuchungen ist das Näpfchenprüfverfahren[10] sowohl für zylindrische als auch unzylindrische Teile wesentlich besser geeignet; bei diesem Verfahren wird das im Anschlagzug erreichbare Ziehverhältnis bestimmt und zur Beurteilung herangezogen.

Zur Zeit der hier beschriebenen Versuche lag der Normvorschlag für das Näpfchenprüfverfahren noch nicht fest. Es wurde daher - abweichend vom Normvorschlag - der bei den meisten Versuchsreihen benutzte Anschlagstempel-Durchmesser von 45,7 mm zur Bestimmung des größten Ziehverhältnisses herangezogen; die Stempelrundung betrug $r_S = 15$ mm. Die Ziehringe waren die gleichen wie bei der vorausgegangenen Bestimmung des Mindesthalterdrucks.

In Tabelle 3 sind neben den erreichbaren Ziehverhältnissen auch die Erichsenwerte aufgeführt. Für die verschiedenen Werkstoffe und Blechdicken sind die Ziehverhältnisse nur wenig, dagegen die Erichsenwerte stark verschieden.

T a b e l l e 3

Näpfchen-Prüfwerte und Erichsen-Tiefungen der Versuchswerkstoffe

	Ms 63						St VIII 23		Al99,8	3o4
s_o mm	1,25	1,0	0,8	0,6	0,5	0,4	1,25	1,0	1,25	1,2
t mm	12,9	11,6	11,5	11,7	11,5	11,0	10,5	9,9	11,6	13,3
$\beta_{max} = \dfrac{D_o max}{d_1}$ mm	2,23	2,19	2,21	2,25	2,14	2,10	2,23	2,10	2,10	2,16
$D_o max$ mm	102	100	101	103	98	96	102	96	96	99

$r_M = 10,0 \qquad 6,3 \qquad 4,0$
$w_B = 1,8 \qquad 1,15 \qquad 0,65$
$d_1 = 45,7$ mm
$r_S = 15,0$ mm

Forschungsberichte des Wirtschafts- und Verkehrsministeriums Nordrhein Westfalen

c) Bestimmung der im Weiterschlag niederhalterfrei zu ziehenden Blechdicken

Beim Anschlag sind für die verschiedenen Faltenarten Grenzblechdicken bekannt, bei deren Überschreiten die Faltenbildung vermieden wird. Es waren daher auch für den Weiterschlag derartige Grenzen zu bestimmen. Entsprechend den beim Anschlag gewonnenen Ergebnissen waren Falten entlang der Schräge des Ziehrings, entlang den Rundungen des Ziehrings und zwischen Stempelrundung und Ziehring zu erwarten. Es wurde bereits dargelegt, daß im Stempelkraftmaximum am Ziehteil die Rundung r'_E nicht mehr vorhanden ist (siehe Abb. 6). Die Faltenbildung im Weiterschlag trat bei den Versuchen auch bei verhältnismäßig dünnen Blechen meist erst im Stadium des Stempelkraftmaximum auf.

Die Versuche selbst wurden mit Ms 63 und Blechdicke von 0,4 - 0,5 - 0,6 - 0,8 und 1,0 mm durchgeführt, mit je zwei Werkzeugsätzen für den Anschlag bzw. Weiterschlag. Zwischen beiden Werkzeugsätzen und den jeweils vorhandenen Rondendurchmessern bestand geometrische Ähnlichkeit; die Abmessungen standen im Verhältnis von 1 : 1,6. Das Ziehverhältnis im Weiterschlag betrug 1,33. Die Abmessungen der Werkzeugsätze bei den jeweiligen Blechdicken und Rondendurchmessern waren:

Werk-zeug-satz	Blech-dicke s_o [mm]	Aus-gangs-ronde D_o [mm]	Anschlag				Weiterschlag				
			Stempel		Ziehring*		Stempel		Ziehring*		
			d_1 [mm]	r_s [mm]	d_M [mm]	r_M [mm]	d_2 [mm]	r_s [mm]	d_M [mm]	r_M [mm]	2α [°]
1	0,6 bis 0,8	82	45,7	15,0	48,0	6,3	34,3	6,3	37,9	6,3	120
											90-60
	0,4 bis 0,5				47,0	4,0			35,6	6,3	45-30
2	0,8 bis 1,0	131	73,2	24,0	76,0	10,0	55,0	10,0	57,8	10,0	90-60
	0,4 bis 0,6				74,9	6,5			56,7	10,0	

* Ziehringe aus Gußeisen

Bei Werkzeugsatz 1 wurde festgestellt, daß mit s_o = 0,6 und 0,8 mm bei allen Ziehringwinkeln mit einem Ziehverhältnis von β_2 = 1,333 ohne Faltenbildung gezogen werden konnte, bei $s_o = 0,5$ mm erst mit $2 \cdot \alpha \leqq 90°$. Bei $s_o = 0,5$ und $2 \cdot \alpha = 120°$ bzw. bei $s_o = 0,4$ und $2 \cdot \alpha = 90°$ kam es im Endstadium des Weiterschlags nur zu einer unsymmetrischen Faltenbildung entlang der Ziehringschräge, die durch kleine Unregelmäßigkeiten am Becherrand bedingt ist. Diese Faltenbildung 1. Art entspricht derjenigen, die beim Anschlagzug in der Verformungszone auftritt und hier durch einen ebenen Niederhalter unterdrückt wird.

Bei $s_o = 0,4$ mm und $2 \cdot \alpha = 90°$ ist am äußeren Rand der Verformungszone dabei $p_r \approx 70$ kg/cm^2. Diese Flächenpressung müßte, wie aus dem folgenden Abschnitt über Mindesthalterpressungen hervorgeht, zur Verhinderung der Faltenbildung bei weitem ausreichen. Damit wird unterstrichen, daß es Unregelmäßigkeiten sind, die die Faltenbildung hervorrufen.

Bei $2\alpha = 45°$ und $s_o = 0,4$ mm traten Falten zwischen Stempelrundung und Ziehring beim freien Einziehen am Beginn des Weiterschlags auf (Faltenbildung 2. Art, siehe Abb. 10).

A b b i l d u n g   10

Faltenbildung 2. Art bei Ms 63, $D_o = 82$ mm,
$s_o = 0,4$ mm, $d_1 = 45,7$ mm, $d_2 = 34,3$ mm, $2\alpha = 45°$

Beim 2. Werkzeugsatz wurde die Blechdickengrenze für die Faltenbildung 1. Art und $2\alpha = 90°$ bei $s_o = 0,8$ mm bzw. für $2\alpha = 60°$ bei $s_o = 0,6$ mm gefunden.

Bis zu $s_o \geqq 0,4$ mm konnten weder mit $2\alpha = 90°$ noch mit $2\alpha = 60°$ eine Faltenbildung 2. Art noch Ansätze hierfür festgestellt werden. Auf Grund älterer Untersuchungen über das Ziehen zylindrischer Teile mit konischen Ringen[3] kann angenommen werden, daß im Weiterschlag bei größer werdendem Ziehringwinkel 2 α die Grenze der Faltenbildung 2. Art zu kleineren Blechdicken hin verschoben wird. Es wird daher vermutet, daß diese Grenze für d_2 = 55 mm und 2 α = 60° bei s_0 = 0,3 mm und für 2 α = 90° bei s_0 = 0,2 mm liegt. Derartige Blechdicken konnten jedoch im Anschlag mit der größten zur Verfügung stehenden Halterkraft von 2200 kg nicht mehr halterfrei gezogen werden.

Bei der Faltenbildung 1. Art stehen die durch Versuche bestimmten Grenzblechdicken der beiden Werkzeugsätze im gleichen Verhältnis wie die beiden Stempeldurchmesser; dasselbe wurde seinerzeit bei den oben erwähnten Untersuchungen[3] für die Faltenbildung 2. Art gefunden. Es darf daher angenommen werden, daß bei vollständiger geometrischer Ähnlichkeit der Werkzeuge auch die Grenzblechdicken im Verhältnis der Stempeldurchmesser stehen. Abbildung 11a und 11b zeigen diese Grenzblechdicken für die Faltenbildung erster bzw. zweiter Art unter dieser Annahme.

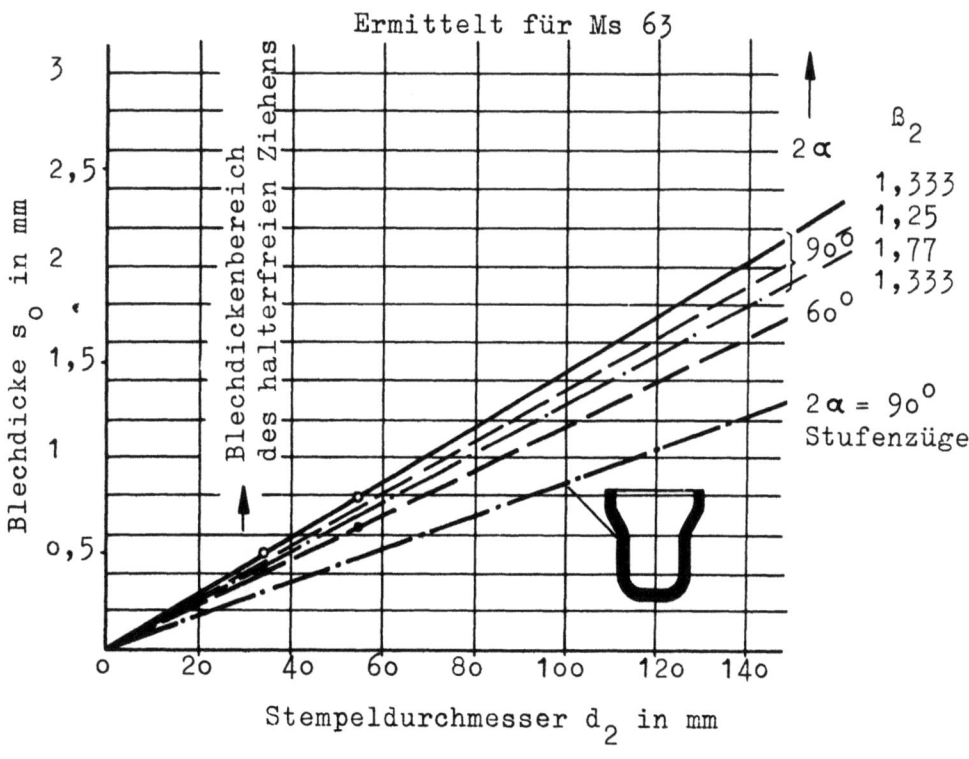

Abbildung 11a

Im Weiterschlag niederhalterfrei zu ziehende Blechdicke in Abhängigkeit von Stempeldurchmesser, Ziehverhältnis $β_2$ und Ziehringwinkel 2 α (Blechdickengrenzen infolge Faltenbildung 1. Art; Blechdickengrenzen infolge Faltenbildung 2. Art siehe Abb. 11b)

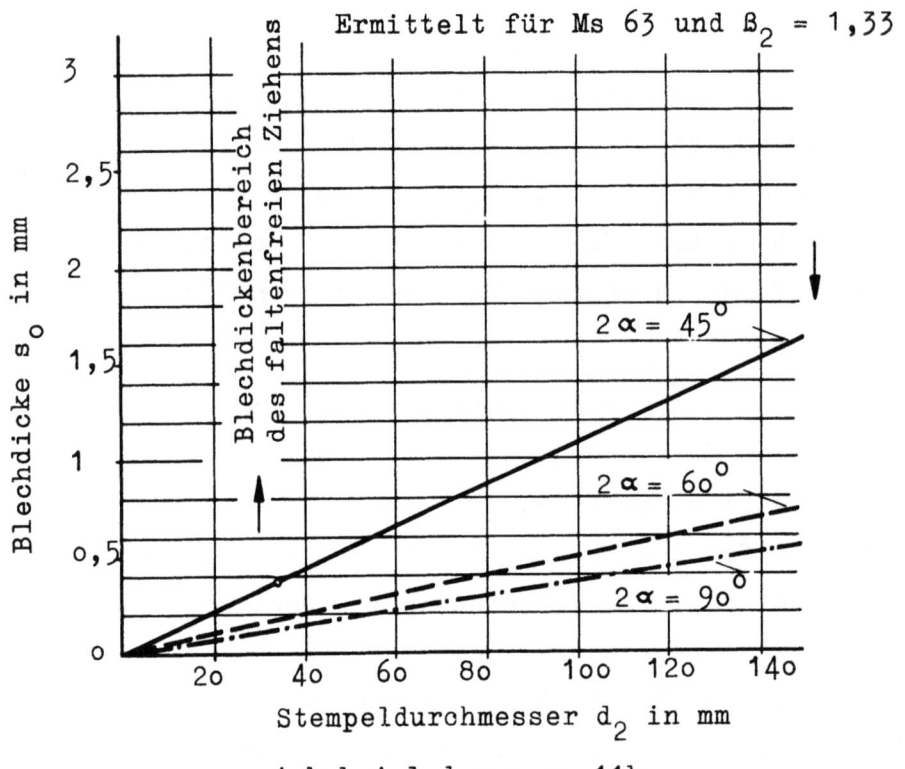

Abbildung 11b

Blechdickengrenzen infolge Faltenbildung 2. Art in Abhängigkeit von Stempeldurchmesser und Ziehringwinkel 2α

Für die Flächenpressung zwischen dem konischen Ring und dem anliegenden Ziehteil gilt, wie in den Abschnitt 2 abgeleitet, die Formel

$$p_r/k_f = \frac{2 s_o}{d_n \cdot \beta_n} \cdot \cos\alpha$$

Es kann angenommen werden, daß die Faltenbildung 1. Art unterdrückt wird, wenn der Wert p_r/k_f einen bestimmten Grenzwert annimmt. Durch Versuche konnte nachgewiesen werden, daß dieser Grenzwert bei Messing für $2 \cdot \alpha = 90°$, $s_o = 0,5$ mm, $d_n = 34,3$ mm und $\beta_n = 1,33$ bei $p_r/k_f = 0,0154$ liegt. Da dieser Wert sich für $\beta_n = 1,1 - 1,4$ nur gering verändern dürfte, kann weiter angenommen werden, daß für Ziehringe mit $2 \cdot \alpha = 90°$ für die Grenzblechdicke die Beziehung Geltung hat:

$$s_o \geqq \frac{0,0154}{2} \cdot \frac{1}{0,707} \cdot d_n \cdot \beta_n = 0,011 \cdot d_n \cdot \beta_n$$

Die in Abbildung 11a für $2\alpha = 90°$ und $\beta_2 < 1,333$ eingezeichneten Grenzblechdicken wurden über diese Beziehung bestimmt.

Die Faltenbildung 2. Art tritt u.a. auch beim Ziehen konischer und parabolischer Teile auf. Sie kann dabei u.U. durch hohen Druck des ebenen Halters verhindert werden, wodurch allerdings eine Verschlechterung des größtmöglichen Ziehverhältnisses eintritt. Dasselbe wäre auch beim Ziehen zylindrischer Teile im Weiterschlag zu erwarten, wenn dort versucht würde, eine Faltenbildung 2. Art durch hohen Druck des konischen Halters zu vermeiden.

Es wird später gezeigt daß das im Weiterschlag erreichbare Ziehverhältnis mit kleiner werdendem Ziehringwinkel zunimmt. Diese Verbesserung würde jedoch vermutlich wieder aufgehoben, wenn eine bei kleinen Ziehwinkeln auftretende Faltenbildung 2. Art durch erhöhten Halterdruck unterbunden würde. Daher wurden keine Versuche durchgeführt, um die zur Unterdrückung der Faltenbildung 2. Art notwendige Halterkraft zu bestimmen.

Die Grenzblechdicken nach Abbildung 11a für die Faltenbildung 1. Art wurden für Durchzüge bestimmt. Die Grenzblechdicke war dabei durch Faltenbildung am Rand des Ziehteils im letzten Ziehstadium bedingt. Bei Stufenzügen liegt daher die Grenzblechdicke erheblich tiefer (siehe Abb.11a).

Die in Abbildung 11a und 11b genannten Blechdickengrenzen besagen, daß <u>Weiterschläge häufig auf einfachwirkenden Pressen durchgeführt werden können.</u> Der günstigste Winkel ist durch die Faltenbildung 1. und 2. Art bedingt, wobei zu beachten ist, daß mit kleiner werdendem Ziehringwinkel die Neigung zur Faltenbildung 1. Art abnimmt, dagegen die Neigung zur Faltenbildung 2. Art zunimmt.

Die Bestimmung der Blechdickengrenzen für das halterfreie Ziehen im Weiterschlag wurde mit kleinen Anschlagziehverhältnissen durchgeführt ($\beta_1 \approx$ 1,8). Spätere Versuche ergaben, daß ein großes Gesamtziehverhältnis im An- und Weiterschlag dann erreicht wird, wenn mit größtmöglichem Anschlagziehverhältnis begonnen und mit Weiterschlag-Ziehverhältnissen von etwa 1,4 weitergezogen wird. Die in einem der folgenden Abschnitte beschriebenen Versuche zur Bestimmung der Stempelkraft ergaben jedoch, daß die größten Stempelkräfte im Weiterschlag nur gering mit größer werdendem Rondendurchmesser zunehmen. Da aber mit größer werdendem Rondendurchmesser auch die Randverdickung der Ronden bzw. Becher zunimmt, kann angenommen werden, daß die tangentialen Druckspannungen am Rande der Verformungszone kaum oder nur unbedeutend größer werden und somit die Gefahr der Faltenbildung bei größeren Rondendurchmessern nicht vergrößert wird. Die Grenzblechdicke erscheint also weitgehend unabhängig vom Anschlagziehverhältnis. Auf weitere Untersuchungen wurde daher verzichtet.

d) Spezifische Mindesthalterpressung im Weiterschlag

Die zur Unterdrückung der Faltenbildung 1. Art im Weiterschlag erforderlichen Halterdrücke wurden durch Versuche mit Ms 63 und $d_1 = 73,2$ mm, $d_2 = 55$ mm, $s_o = 0,4$ mm und $D_o = 125$ mm durchgeführt. Geringere Blechdicken bzw. größere Rondendurchmesser konnten bei dem Anschlagstempel von 73,2 mm Dmr., wie oben erwähnt, nicht gezogen werden. Die gewählte Blechdicke liegt jedoch mit $s_o = 0,4$ mm noch wesentlich unter der Grenzblechdicke für das halterfreie Ziehen, die nach Abbildung 11a für $d_2 = 55$ mm, $2\alpha = 90°$ und $\beta_2 = 1,33$ ungefähr 0,8 mm beträgt.

Die Werkzeugabmessungen waren

<u>im Anschlag:</u>

$d_1 = 73,2$ und $r_S = 23$ mm
$d_M = 74,4$ und $r_M = 2,5$ mm
(Ziehringe aus Gußeisen)

<u>im Weiterschlag:</u>

$d_2 = 55,0$ mm und $r_S = 10$ mm
$d_M = 56,7$ mm und $r_M = 10$ mm
$2\alpha = 60°$ bzw. $90°$
(Ziehringe aus Gußeisen)

Es kam bei beiden Winkeln ohne Niederhalter gelegentlich zu einer symmetrischen Faltenbildung entlang der Ziehringschräge in einem mittleren Ziehstadium, meist sprang jedoch im letzten Ziehstadium an dem am Ziehringwinkel anliegenden Ziehteilrand eine große Falte spontan ein. Die Faltenbildung konnte mit einer Halterkraft von $P_{HK} \approx 50$ kg unterdrückt werden.

Diese Halterkraft kann auch im Weiterschlag auf die gepreßte Fläche bezogen werden[11,12]. Für die Flächenpressung gilt nach Abbildung 12

$$P_K = \frac{P'_{HK}}{F_M}$$

Für $2\alpha = 90°$ wird

mit $P'_{HK} = \dfrac{50}{0,707 + 0,115 \cdot 0,707} = 63$ kg

$$\text{und } F_M = \frac{(7,32^2 - 5,67^2)}{4 \cdot 0,707} = 25,7 \text{ cm}^2$$

$$P_k = 3,7 \text{ kg/cm}^2$$

$$P_{HK} = \mu \cdot P'_{HK} \cdot \cos \alpha + P'_{HK} \cdot \sin \alpha$$
$$= P'_{HK} \cdot (\mu \cdot \cos \alpha + \sin \alpha); \text{ also}$$

$$P'_{HK} = \frac{P_{HK}}{\sin \alpha + \mu \cdot \cos \alpha}$$

Flächenpressung:

$$P_K = \frac{P_{HK}}{F_M} \text{ mit } F_M \approx \frac{\pi \cdot (d_{n-1}^2 - d_i^2)}{4 \cdot \sin \alpha}$$

A b b i l d u n g   12
Spezifische Halterpressung im Weiterschlag

Die Flächenpressung p_r am Rand der Verformungszone beträgt demgegenüber 40 kg/cm². Die Faltenbildung dürfte daher auch hier durch Unregelmäßigkeiten am Ziehteil bedingt sein. Es scheint somit möglich, daß die Grenze des halterfreien Ziehens im Weiterschlag noch nach kleineren Blechdicken hin verschoben werden kann, wenn es gelingt, diese Unregelmäßigkeiten zu vermeiden oder zu beseitigen. In Sonderfällen kann z.B. durch ein Abstechen des Ziehteils noch ein halterfreies Ziehen erzwungen werden.

e) Die Abhängigkeit der Stempelkraft, insbesondere der größten Stempelkraft von Stempel- und Ziehringform beim 1. Weiterschlag

Es wurde mit Blechen von 1 mm Dicke gearbeitet. Die Versuchsbleche zeigten in diesem Bereich ganz allgemein starke Dickenschwankungen bis zu rd. ± 10 %. Daher wurden die Ronden vor dem Ziehen mit einem Mikrometer nachgemessen und für die Vergleiche die Bodenreiß- bzw. Stempelkräfte auf Normblechdicke umgerechnet.

Forschungsberichte des Wirtschafts- und Verkehrsministeriums Nordrhein-Westfalen

1) Die Abhängigkeit der größten Stempelkraft vom Stempeldurchmesser

Die Versuche wurden mit Ms 63 und St VIII 23 von $s_o = 1,0$ mm durchgeführt. Die Werkzeugabmessungen waren

im Anschlag:

$d_1 = 45,7$ und r_S 15 mm
$d_M = 49,3$ und r_M 10 mm,

im Weiterschlag:

d_2 mm	r_s mm	d_M mm	r_M mm	β_2
27,5	6,3	31,2	6,3	1,66
29,7	6,3	33,4	6,3	1,54
32,0	10,0	35,6	6,3	1,43
34,3	10,0	37,9	6,3	1,33

$2\alpha = 90°$

Die Rondendurchmesser wurden im Anschlag bis zum größtmöglichen variiert; im Weiterschlag wurde mit den verschiedenen Stempeldurchmessern jeweils bis zum höchstmöglichen Becher, d.h. bis zu einem durch Bodenreißer bestimmten größtmöglichen Rondendurchmesser gezogen. Die Ergebnisse sind aus Abbildung 13 und 14 ersichtlich. Dort sind über dem Rondendurchmesser die größten Stempelkräfte von Anschlag und Weiterschlag aufgetragen, außerdem sind die Ziehverhältnisse β_1, β_2 und β_{ges} angegeben und die Bereiche der verschiedenen Weiterschlag-Stempeldurchmesser eingezeichnet.

Die größte Stempelkraft im Anschlag ist bei einem Rondendurchmesser von $D_o = d_M = 49,3$ mm gleich Null, dasselbe gilt entsprechend für die Weiterschläge. Es zeigt sich, daß beim Anschlag die größte Stempelkraft nicht linear mit dem Rondendurchmesser zunimmt, jedoch kann die Kurve in Teilabschnitten vor allem im Gebiet des größtmöglichen Rondendurchmessers gut durch eine Gerade ersetzt werden. Die größte Stempelkraft im Anschlag eines beliebigen Rondendurchmessers D_o kann nach den Abbildungen 13 und 14 in guter Näherung aus der Bodenreißkraft, d.h. der höchstübertragbaren Stempelkraft und den Ziehverhältnissen $\beta_1 = \dfrac{D_o}{d_i}$, bzw. $\beta_{1\,max} = \dfrac{D_{o\,max}}{d_i}$ bestimmt werden, etwa nach der Gleichung

$$P_{St\,max} \approx \pi \cdot (d_1 + s_o) \cdot \sigma_{Bo} \frac{\dfrac{D_o}{D_1} - 1}{\dfrac{D_{o\,max}}{d_i} - 1}$$

$$(D_o \cong d_o)$$

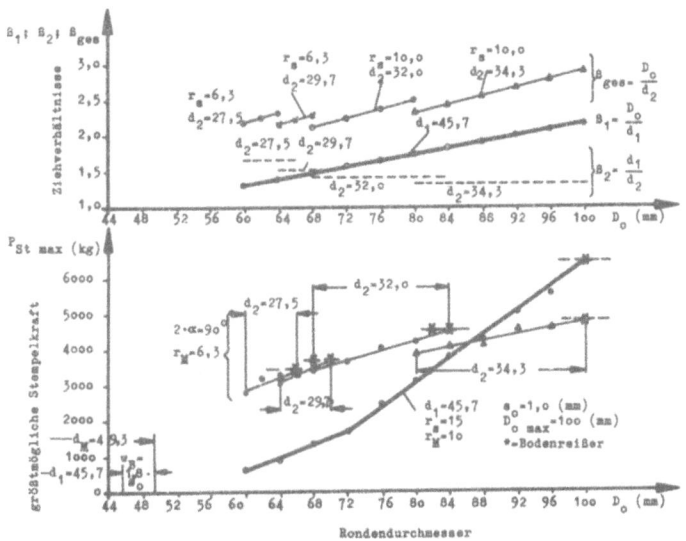

Abbildung 13

Stempelkräfte im An- und Weiterschlag Abhängigkeit von Rondendurchmesser bzw. Weiterschlagstempeldurchmesser bei Ms 63

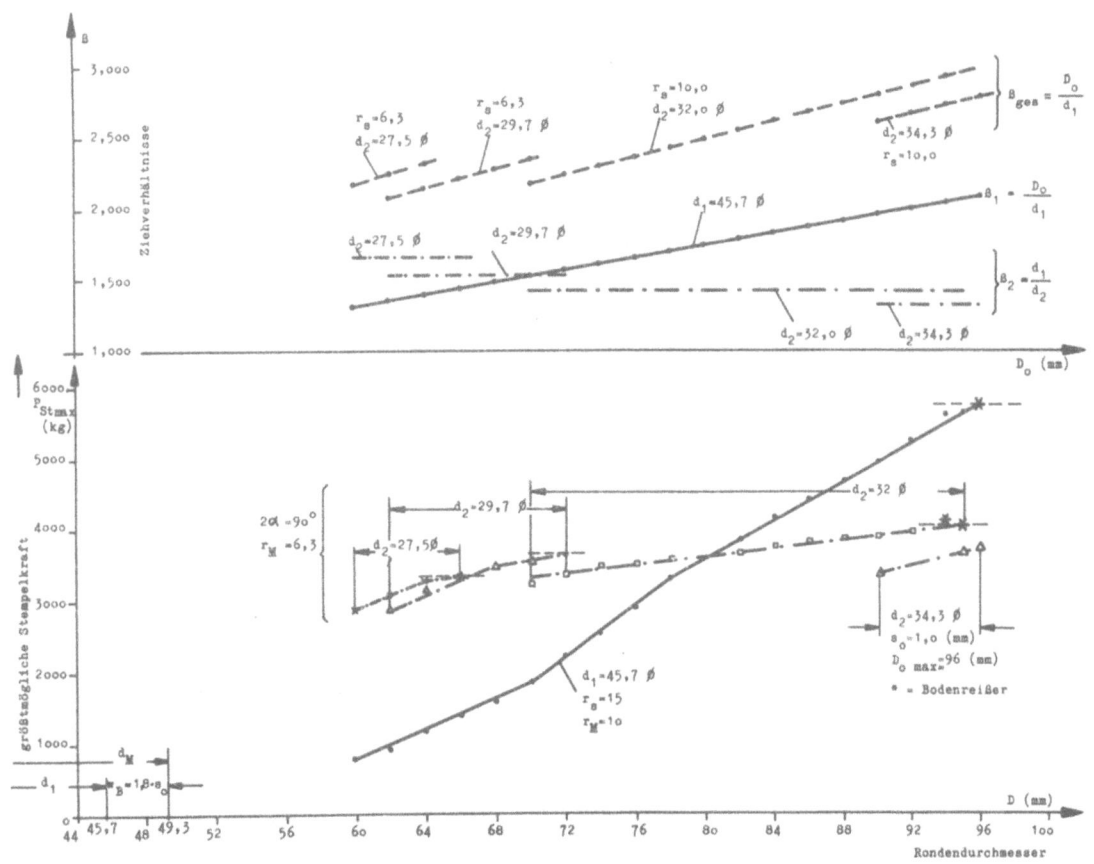

Abbildung 14

Stempelkräfte im An- und Weiterschlag in Abhängigkeit vom Rondendurchmesser bzw. Weiterschlagstempel-Durchmesser bei St VIII 23

Hierbei ist σ_{s_0} die Zugfestigkeit des Ziehblechs vor dem Ziehen.

Wird mit einem Mittelwert für $\beta_{1\,max}$ von $\sim 2,1$ gerechnet, dann ergibt sich:

(6) $\quad P_{St\,max} \approx 1,5 \cdot (d_1 + s_0) \cdot s_0 \cdot \sigma_{B_0} (\beta_1 - 1)$
$\quad\quad$ (Anschlag)

Beim Weiterschlag nimmt die größte Stempelkraft linear mit dem Rondendurchmesser bei den verschiedenen Weiterschlag-Stempeldurchmessern zu. Für die näherungsweise Berechnung der größten Stempelkraft genügt es jedoch, wenn diese Stempelkraft im Bereich der im Weiterschlag üblichen Ziehverhältnisse gleich der Bodenreißkraft gesetzt wird:

(7) $\quad P_{St\,max} \approx \pi (d_2 + s_0) \cdot s_0 \cdot \sigma_{B_0}$
$\quad\quad$ (Weiterschlag)

In die Abbildungen 13 und 14 wurde neben den Ziehverhältnissen für An- und Weiterschlag β_1 bzw. β_2 auch das durch den Rondendurchmesser und den Stempeldurchmesser des Weiterschlags bedingte Gesamtziehverhältnis

$$\beta_{ges} = \beta_1 \cdot \beta_2 = \frac{D_0}{d_2}$$

eingetragen; d_2 ist dabei der jeweilige Weiterschlag-Stempeldurchmesser. Es zeigt sich, daß das größtmögliche Gesamtziehverhältnis erreicht wird, wenn im Anschlag mit $\beta_{1\,max}$ und im Weiterschlag mit einem Ziehverhältnis von $\beta_2 \approx 1,4$ gezogen wird. Die weiteren Versuche wurden daher weitgehend auf dieses Weiterschlagziehverhältnis abgestellt. Auf die Abstimmung von An- und Weiterschlag wird später nochmals eingegangen.

2) **Die Abhängigkeit der Stempelkraft von Ziehring- und Stempelform bei einem Weiterschlagziehverhältnis von 1,33**

Die Versuche wurden mit Ms 63 bis $s_0 = 1,2$ und $D_0 = 82$ und 94 mm durchgeführt. Die Werkzeugabmessungen waren

im Anschlag

$\quad d_1 = 45,7$ und $r_S = 10,0$ mm
$\quad d_M = 49,3$ und $r_M = 10,0$ mm

im Weiterschlag:

$d_1 = 34,3$ und $r_S = (2,5) - (4,0) - 6,3$ und $(10,0)$ mm
$d_M = 37,9$ bei folgendem Variationsschema:

r_M	2α
12,0 mm	90°
6,3 mm	120° - 90° - 60° - 45° - 30°
2,5 mm	90°

(Sämtliche Weiterschlagringe aus Gußeisen)

Abbildung 15 zeigt Zwischenstadien für verschiedene Ziehringwinkel und Ziehringrundungen. Diese Zwischenstadien wurden dem Werkzeug vor dem Erreichen des Stempelkraftmaximums entnommen. Dabei fällt auf, daß das Blech bei den größeren Winkeln nur teilweise an der Kegelfläche des Ringes anliegt und die Rundungen r_M am Ring und r'_M am Ziehteil annähernd übereinstimmen.

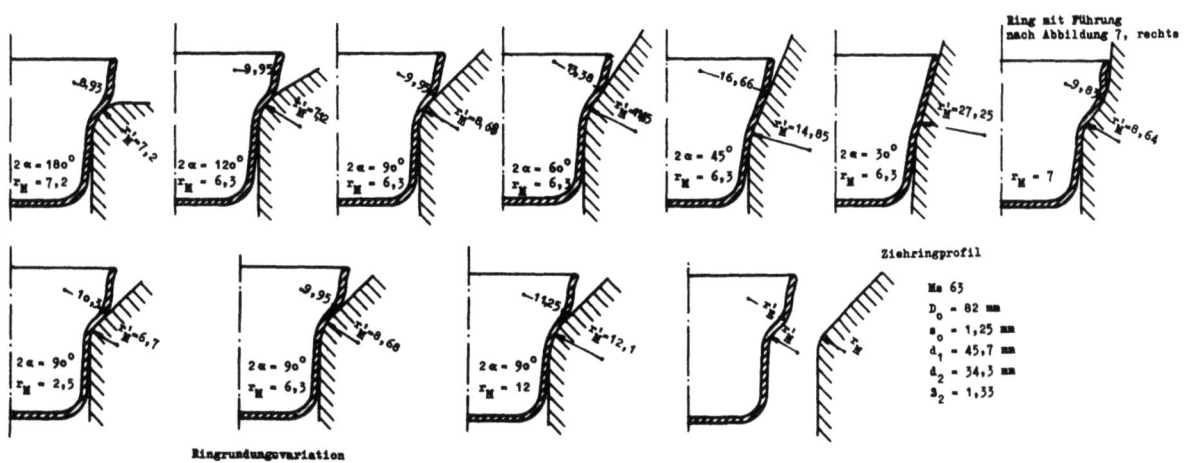

A b b i l d u n g 15
Zwischenstadien beim Weiterschlag

Beim kleinsten Winkel liegt jedoch das Ziehteil bereits vollständig an der Kegelfläche an, dagegen weicht r'_M stark von r_M ab.

Abbildung 16 zeigt Zwischenstadien im Bereich des Stempelkraftmaximums, die nunmehr voll am Kegel des Ziehrings anliegen. Die Rundungen entsprechen etwa denen der Abbildung 15. Die Stadien haben, von Bodenreißer abgesehen, unabhängig vom Ziehringwinkel etwa denselben Aufweiterungsdurchmesser von 50 mm am Rand.

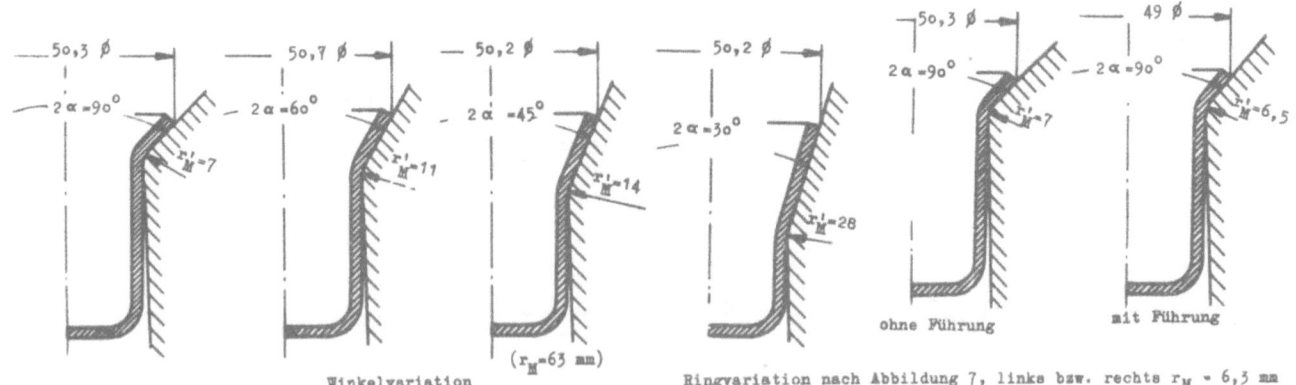

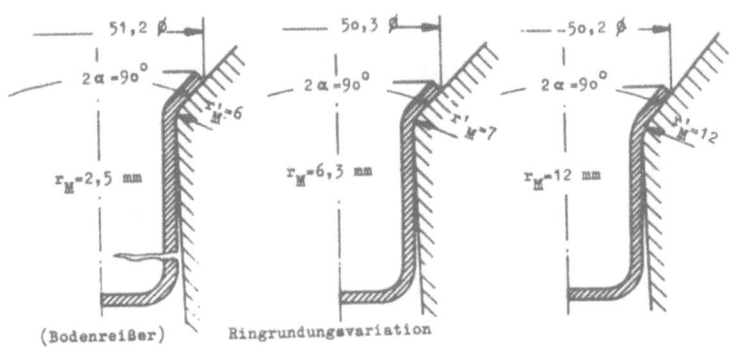

Abbildung 16

Zwischenstadien beim Weiterschlag im Bereich
des Stempelkraftmaximums

Ms 63 $\qquad$ $d_1 = 45,7$ mm

$D_o = 94$ mm $\qquad$ $d_2 = 34,3$ mm

$s_o = 1,2$ mm $\qquad$ $\beta_2 = 1,33$

Für verschiedene Ziehringwinkel sowie Ziehring- und Stempelrundungen wurden mit $D_o = 94$ mm Stempelkraft-Stempelweg-Diagramme aufgenommen und in den Abbildungen 17a bis d dargestellt. Neben den Werkzeugabmessungen sind dort noch die im Mittel vorhandene Ausgangsblechdicke, die gemessenen und die auf die Nennblechdicke von 1,2 mm umgerechneten größten Stempelkräfte $P_{St\,max}$ genannt. Die Blechdickenschwankungen sind bei der Auswertung zu beachten. Aus den Diagrammen und Meßwerten der Abbildungen 17a und b ist ersichtlich, daß die größten Stempelkräfte mit kleiner werdendem Ringwinkel und größer werdender Ringrundung etwas geringer werden. Die Ergebnisse lassen sich trotz gleichen Werkstoffs in Form und Oberflächengüte schwieriger deuten.

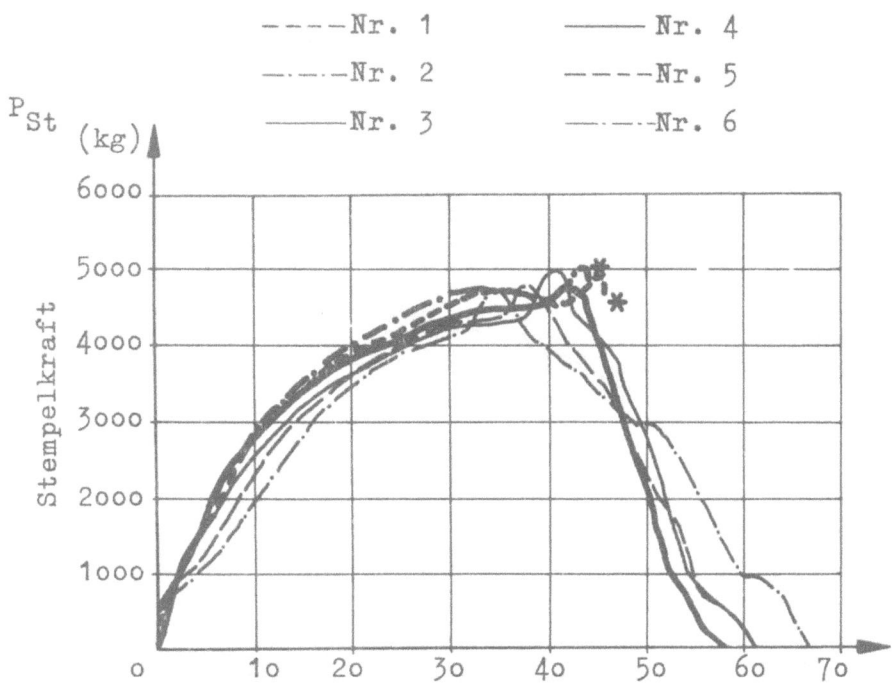

Nr.	s_o mm	$P_{St\,max}$ kg	$P_{St\,max}$ bezogen auf $s_o = 1,2$	2α
1	1,25	5150*	4950*	180°
2	1,25	5230*	5020*	120°
3	1,25	5030	4830	90°
4	1,25	5210	5000	60°
5	1,24	5030	4870	45°
6	1,24	5060	4900	30°

Abbildung 17a

Stempelkraft-Stempelweg-Diagramme im Weiterschlag
bei Winkelvariation, Ziehverhältnis 1,33

Variation der Ringrundung

– – – – – Nr. 7
——————— Nr. 8
—·—·— Nr. 9

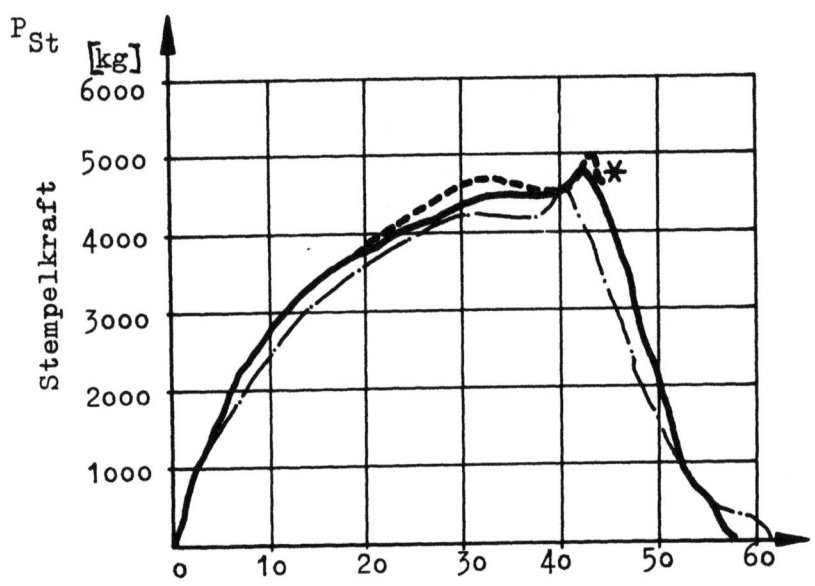

Ms 63 d_2 = 34,3 mm   * = Bodenreißer
D_o = 94 mm r_s = 6,3 mm
d_1 = 45,7 mm 2α = 90°

Nr.	s_o mm	$P_{St\ max}$ kg	$P_{St\ max}$ bezogen auf s_o = 1,2	r_M mm
7	1,24	5180*	5010*	2,5
8	1,25	5030	4830	6,3
9	1,19	4830	4870	12,0

A b b i l d u n g 17b

Stempelkraft-Stempelweg-Diagramme im Weiterschlag
bei Ring-Rundungsvariation, Ziehverhältnis 1,33

Die Ergebnisse der Abbildung 17c bestätigen die aus der Mechanik des Ziehens gewonnene theoretische Erkenntnis, daß die Stempelrundung ohne wesentlichen Einfluß auf die größte Stempelkraft ist.

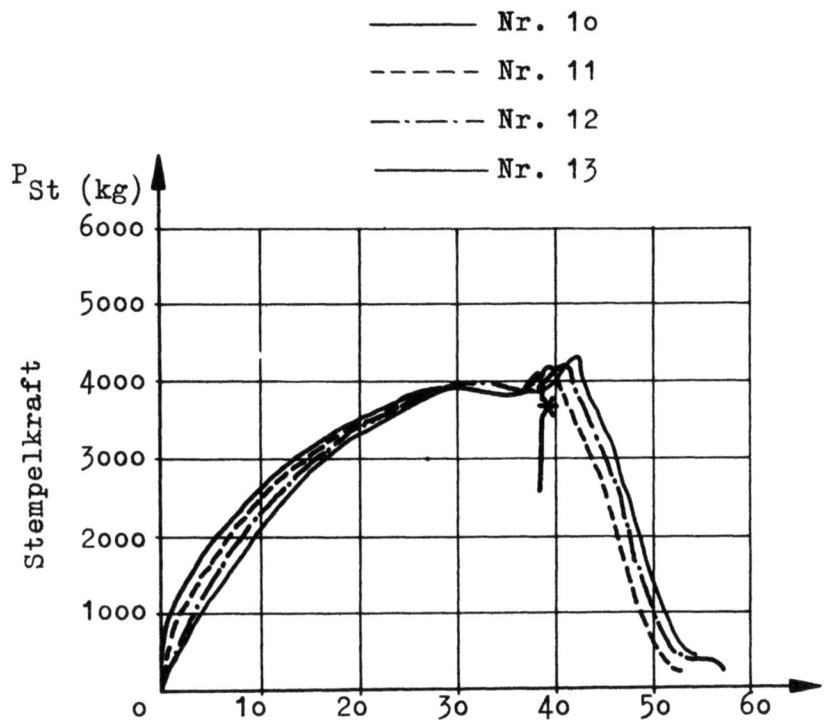

Abbildung 17c

Stempelkraft-Stempelweg-Diagramme im Weiterschlag
bei Stempel-Rundungsvariation, Ziehverhältnis 1,33

Wird mit Ziehringen mit Zentrieransatz (Ringe nach Abb. 7 Mitte oder rechts) gezogen, dann tritt gemäß Abbildung 17d eine Verminderung der Stempelkraft ein. Durch die zylindrische Führung wird die Aufweitung des

——— Ziehring Nr. 14 ohne zylindrische Führung
– – – Ziehring Nr. 15 mit zylindrischer Führung
(Zylindrische Führung nach Abb. 7, Mitte)

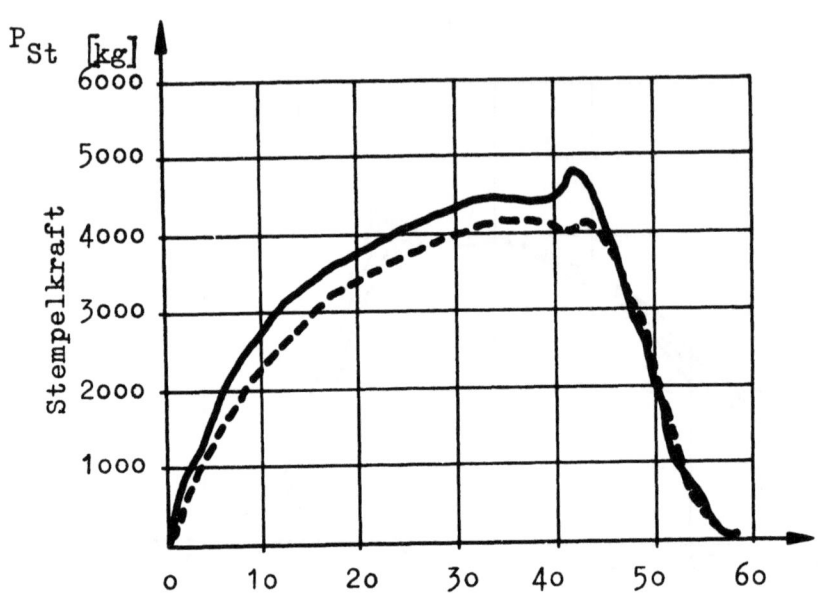

Ms 63 $d_2 = 34,3$ mm
$D_o = 94$ mm $2\alpha = 90°$
$d_1 = 45,7$ mm $r_M = 6,3$ mm
                 $r_s = 6,3$ mm

Nr.	s_o mm	$P_{St\ max}$ kg	$P_{St\ max}$ bezogen auf $s_o=1,2$	Führung
14	1,25	5030	4830	ohne
15	1,17	4420	4530	mit

Abbildung 17d
Stempelkraft-Stempelweg-Diagramme im Weiterschlag
mit und ohne Führung im Ziehring

Außendurchmessers der Becher im Stempelmaximum von 49 auf 50 mm verhindert (siehe auch Abb. 16). Durch eine derartige Führung kann somit unter Umständen eine Verbesserung des Ziehverhältnisses erreicht werden. Aus der Mechanik des Weiterschlags kann gefolgert werden, daß der Durchmesser des Weiterschlagstempels bei solchen Werkzeugen etwa um den Betrag der unterdrückten Aufweitung, also um etwa 1 mm verkleinert werden kann. Entsprechende Untersuchungen sollen später durchgeführt werden.

3) Vergleich zwischen gemessener und berechneter maximaler Stempelkraft

Mit Ms 63, d_2 = 34,3 mm, D_o = 94 mm, s_o = 1,2 mm und Weiterschlag-Ziehringen aus Gußeisen mit $2 \cdot \alpha$ = 90°, 60° und 30° wurde der Ziehvorgang im Stadium des Stempelkraftmaximums unterbrochen. An Hand der so gewonnenen Stadien wurden die Verformungsgrade für den mittleren Außen- bzw. Innendurchmesser der Verformungszone d_p und d_i nach Abbildung 6 bestimmt; aus Abbildung 16 ist dabei zu entnehmen, daß d_p vom Ziehringwinkel unabhängig ist. Der Verformungsgrad am Außenrand wurde über das Verhältnis D_o/d_p ermittelt, der Verformungsgrad am Innenrand wurde in ähnlicher Weise mit Hilfe konzentrischer Kreise bestimmt, die vor dem Ziehen in die Ronde eingeritzt worden waren. Damit konnte die mittlere Formänderungsfestigkeit k_{fmI} bzw. k_{fmII} in der Verformungszone auf Grund der Fließkurve von Ms 63 ermittelt werden. Aus $\sigma_{IV} = 2,53 \cdot k_{fmI} \cdot \log \frac{d_p}{d_i}$, der durch den Verformungsanteil bedingten Zugspannung am Innendurchmesser d_i der Verformungszone, wurde über die Fließbedingung ($k_f = \sigma_r - \sigma_t$) dann die tangentiale Druckspannung am Innenrand gefunden. Daraus und aus der Druckspannung am Außendurchmesser d_p wurde σ_{tm} als arithmetisches Mittel bestimmt. Aus mittleren Tangentialdruckspannungen und den an den Stadien ermittelten Abmessungen r'_M und der Blechdicke s am Innenrand der Verformungszone konnte nach Gleichung (3b) die größte Stempelkraft berechnet werden. Die Gleichung lautet:

$$P'_{St\,max} \approx \pi \cdot d_i s (e^{\mu \alpha} \left[2,53\, k_{fmI} \log \frac{d_p}{d_i} + 2 \cdot \frac{d_p - d_i}{d_p + d_i} \frac{\mu}{tg\,\alpha} \cdot \sigma_{tm} \right] + k_{fmII} \cdot \frac{s}{2r'_M}$$

μ wurde für Ms 63 und Ringe aus Gußeisen zu 0,1 eingesetzt.

Die Rechnung ergab für

$\underline{2\alpha = 90°}$

$P'_{St\,max} \approx 170\,(1,08\,[20,6 + 1,6] + 6,8)$
$= 170\,(1,08 \cdot 22,2 + 6,8) = 170\,(24,0 + 6,8)$
$= 170 \cdot 30,8 = 5240$ kg

Gemessen wurde $P_{St\ max}$ = 5570 kg (Ausgangsblechdicke 1,34 mm). Der Verformungsanteil der größten Ziehkraft ist $P_{St\ V\ max}$ = 170 · 20,6 = 3500 kg. Der Formänderungswirkungsgrad wird damit

$$\eta_{Form} = \frac{P_{Stvmax}}{P_{St\ max}} = \frac{3500}{5570} \cdot 100 = 63\ \%$$

$$\underline{2 \cdot \alpha = 60°}$$
$$P'_{St\ max} \approx 163\ (1,06\ [20,7 + 33,2] + 4,2) = 4800\ kg$$

Gemessen wurde $P_{St\ max}$ = 5150 kg (Ausgangsblechdicke 1,26 mm).

Damit wird

$$\eta_{Form} = \frac{163 \cdot 20,6}{5150} \cdot 100 = 65\ \%$$

$$\underline{2 \cdot \alpha = 30°}$$
$$P'_{St\ max} \approx 152\ (1,03\ [20,0 + 6,6] + 1,6) = 4450\ kg$$

Gemessen wurde $P_{St\ max}$ = 4960 kg (Ausgangsblechdicke 1,27 mm). Damit wird

$$\eta_{Form} = \frac{152 \cdot 20}{4960} \cdot 100 = 61,3\ \%$$

Die Übereinstimmung zwischen Rechnung und Messung ist zufriedenstellend. Bei den Ziehteilen war im Stadium der größten Stempelkraft die mittlere Formänderungsfestigkeit im Anschlag $k_{f_{mI}} \approx 46$ kg/mm² und $k_{f_{mII}} \approx 50$ kg/mm². Beim Weiterschlag dagegen war bei $2 \cdot \alpha = 90°$, bzw. $60°$ $k_{f_{mI}} \approx 62$ kg/mm² und $k_{f_{mII}} \approx 64$ kg/mm²; bei $2 \cdot \alpha = 30°$ war die Kegelmantelfläche im Stadium der größten Stempelkraft wesentlich höher, infolgedessen $k_{f_{mI}} \approx 60$ kg/mm² und $k_{f_{mII}} \approx 59$ kg/mm².

Bei einem größeren Rondendurchmesser von D_o = 102 mm und denselben An- und Weiterschlagwerkzeugen wird im Weiterschlag bei d_o = 34,3 mm und $2 \cdot \alpha = 90°$ im Stadium der größten Stempelkraft $k_{f_{mI}} \approx = 64$ kg/mm² und $k_{f_{mII}} \approx 66$ kg/mm²; der Außendurchmesser der Verformungszone d_p ändert sich dabei gegenüber D_o = 94 mm nur gering, d.h. die maximale Stempelkraft kann bei beiden Rondendurchmessern nur gering verschieden sein.

Aus der Zahlenrechnung ist ersichtlich, daß sich durch die Winkelvariation der Verformungsanteil $2,53\ k_{f_{mI}} \cdot \log \frac{d_p}{d_i}$ kaum und der Reibungsanteil der Ringrundung $e^{\mu\alpha}$ nur gering ändert. Mit kleiner werdendem Winkel nimmt der Reibungsanteil der Kegelfläche zu und der Biegeanteil infolge der mit der Winkelverkleinerung verbundenen Vergrößerung der Ziehteilrundung r'_M ab. Der Verformungsanteil ist auch beim Weiterschlag wesentlich größer als die übrigen Anteile. Die errechnete und gemessene Stempelkraft nimmt bei der Winkelverkleinerung ab; hierbei ist noch zu beachten, daß die Ausgangsblechdicken bei den untersuchten Stadien schwanken und entsprechend auch die beim Ziehen auftretenden Blechdickenänderungen.

Im Gegensatz zum gewöhnlichen Anschlag mit ebenem Halter ist beim Weiterschlag ohne Niederhalter der Anteil der Reibung an der (Kegel-) Ringfläche verhältnismäßig groß, während der Anteil der Rundungsreibung gering ist. Daher ist bei Weiterschlag-Ziehringen, besonders bei kleinen Ziehringwinkeln, die Kegelfläche besonders sorgfältig zu bearbeiten und beim Ziehen die Schmiermittelzuführung in diese Zone zu beachten.

Die geringe Zunahme der größten Stempelkraft bei Vergrößerung des Ausgangsrondendurchmessers ist durch die geringe Zunahme der mittleren Formänderungsfestigkeit und die geringe Vergrößerung des Außendurchmessers d_p der Verformungszone zu erklären.

Abschließend sei festgehalten, daß bei Weiterschlägen mit Ziehverhältnissen von etwa 1,3 bei kleiner werdendem Ziehringwinkel eine Verminderung der größten Stempelkraft eintritt; eine Verminderung dieser Kraft tritt bei größeren Ziehringwinkeln ebenfalls ein, wenn die Aufweitung des Ziehteils durch eine Führung nach Abbildung 7 verhindert wird. Die Zahlenrechnung zeigt, daß trotz des Reibungsanteils der Kegelfläche kein wesentlicher Unterschied zwischen dem Ziehen im Anschlag und im Weiterschlag besteht.

4) **Der Einfluß des Ziehringwinkels auf die Stempelkraft bei einem Weiterschlag - Ziehverhältnis von 1,54**

Die Versuche wurden mit Ms 63 von 1,2 mm Dicke durchgeführt. Die Werkzeugabmessungen waren

<u>im Anschlag</u>

$d_1 = 45,7$ und $r_s = 10,0$ mm
$d_M = 49,3$ und $r_M = 10,0$ mm;

im Weiterschlag

$d_2 = 29,7$ und $r_S = 6,3$ mm
$d_M = 33,4$ und $r_M = 6,3$ mm
$2\alpha = 90°$, $60°$ und $45°$

Bei $2\alpha = 60°$, bzw. $45°$ waren die Ziehringe aus Gußeisen.

$D_o = 68$ mm.

Abbildung 18 zeigt wieder für verschiedene Ziehringwinkel Stadien des Bereichs der größten Stempelkraft. Bei dem gewählten Ausgangs-Rondendurchmesser von $D_o = 68$ mm und $2\alpha = 90°$ kommt es bereits zu Bodenreißern. Es sei vorweggenommen, daß bei Ms 63 und $\beta_2 = 1,54$ bei $2\alpha = 90°$ ein größter Rondendurchmesser von $D_{o\ max} = 64$ mm möglich ist; bei $2\alpha = 60°$ wird $D_{o\ max} = 72$ mm und bei $2\alpha = 45°$ gleich 74 mm. Mit An- und Weiterschlag werden somit höchstens Gesamtziehverhältnisse von 2,16 - 2,42 und 2,5 erreicht, bei einem Weiterschlag-Ziehverhältnis von 1,333 und sonst gleichen Bedingungen dagegen Gesamtziehverhältnisse von 2,68 bzw. 2,98 (entsprechend Ausgangs-Rondendurchmessern von 92 bzw. 102 mm).

Winkelvariation

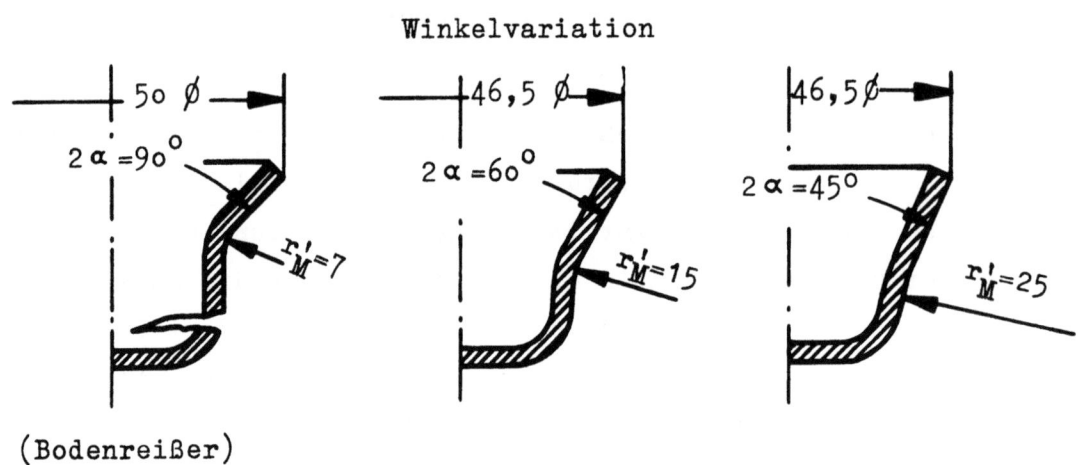

(Bodenreißer)

Abbildung 18

Zwischenstadien beim Weiterschlag für ein

Weiterschlag-Ziehverhältnis von 1,54

Ms 63 $d_1 = 45,7$ mm
$D_o = 68$ mm $d_2 = 29,7$ mm
$s_o = 1,2$ mm $r_M = 6,3$

Abbildung 18 zeigt weiter, daß im Stadium der größten Stempelkraft das Verhältnis von d_P/d_1 ebenfalls ungefähr gleich dem Weiterschlag-Ziehverhältnis $ß_2$ ist, wie dies bereits für das kleinere Ziehverhältnis von $ß_2 = 1,333$ gefunden wurde. Bei den Ziehringwinkeln von $2\alpha = 60°$ bzw. $45°$ stellen sich am Ziehteil Rundungen von $r'_M = 15$ bzw. 25 mm ein, gegenüber $r'_M = 11$ bzw. 14 mm bei $ß_2 = 1,33$ (siehe Abb. 16).

Nach den Gleichungen (3a) oder (b) ändert sich jedoch durch diese vergrößerte Rundung der Biegeanteil der größten Stempelkraft bzw. höchstzulässigen Achsialspannung im Ziehteil nur wenig. Damit ergibt sich nach diesen Gleichungen weiter, daß eine Vergrößerung von $ß_2$ bei $ß_2 \approx \frac{d_P}{d_i}$ nur möglich ist, wenn die Vergrößerung von $\ln \frac{d_P}{d_i}$ durch eine Verkleinerung von k_{fmI} ausgeglichen wird, um ein Überschreiten der höchstzulässigen Achsialspannung zu vermeiden. Die Verkleinerung von k_{fmI} wird durch einen wesentlich kleineren Ausgangsrondendurchmesser erreicht. Somit ist ein größeres höchstmögliches Ziehverhältnis im ersten Weiterschlag nur durch eine bedeutend stärkere Verkleinerung des Ausgangsrondendurchmessers möglich, wie dies die hier beschriebenen Versuche ergaben.

Die in Abbildung 19 wiedergegebenen Stempelkraft-Stempelweg-Diagramme für Ms 63, $D_o = 68$ mm und $ß_2 = 1,54$ zeigen nun deutlich, daß die größte Stempelkraft mit kleiner werdendem Ziehringwinkel abnimmt.

f) Der Einfluß der Stempelrundung auf die Bodenreißkraft im Weiterschlag

Eine erste Versuchsreihe wurde mit Ms 63 und verschiedenen Blechdicken durchgeführt. Die Werkzeugabmessungen waren wie folgt:

im Anschlag:

$d_1 = 45,7$ mm; $r_s = 2,5 - 6,3 - 10 - 15$ mm

für s_o [mm]	d_M [mm]	r_M [mm]	Bemerkung
1,0 u. 1,2	49,3	10	-
0,8 u. 0,6	48,0	6,3	Ziehringe aus
0,4 u. 0,5	47,0	4,0	Gußeisen

Rondendurchmesser $D_o = 82$ und 94 mm

im Weiterschlag

$d_2 = 34,3$ mm; $r_s = 2,5 - 4,0 - 6,3 - 10 - 12$ mm

für s_o [mm]	d_M [mm]	r_M [mm]	2α [°]	Halter-Kraft kg
0,6 - 1,2	37,9	6,3	90°	1130
0,4 - 0,5	35,6	6,3	90°	

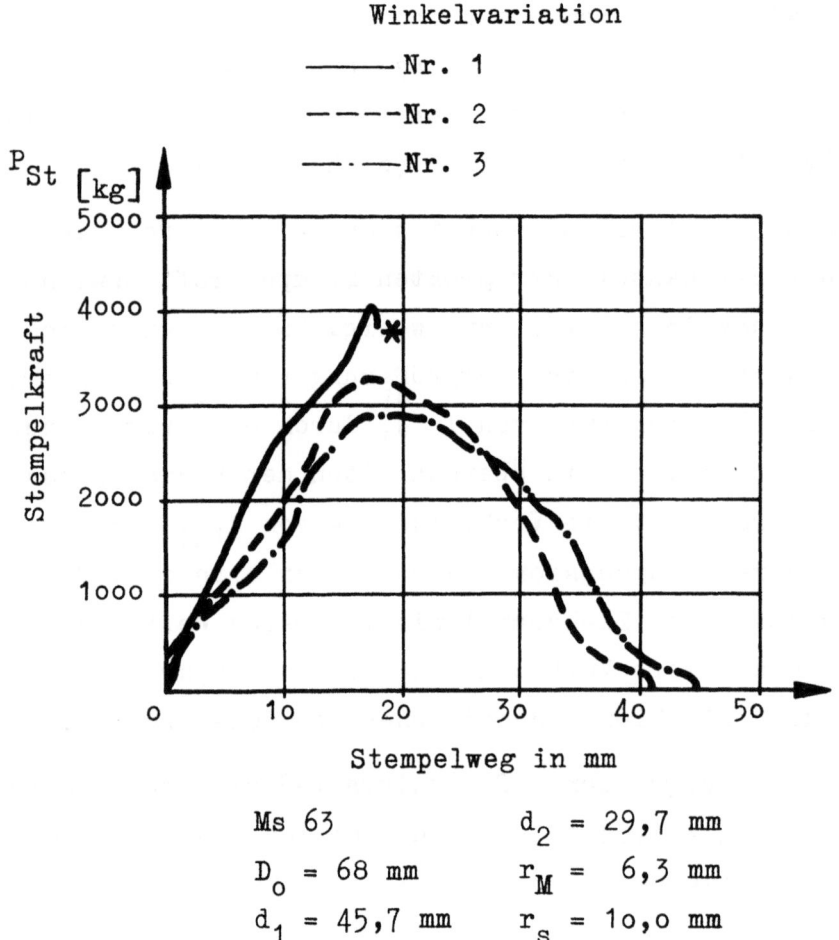

Abbildung 19
Stempelkraft-Stempelweg-Diagramme für verschiedene
Ziehringwinkel bei einem Ziehverhältnis von 1,54

Die Bodenreißkraft wurde im Weiterschlag durch Anwendung eines Niederhalters mit hohem Niederhalterdruck bestimmt; der Niederhalterdruck wurde dabei so gewählt, daß der Bruch erst eintrat, wenn das Blech voll an der Rundung des Weiterschlagstempels anlag.

Die gefundenen Bodenreißkräfte wurden unter Zugrundelegung der Ausgangsblechdicke auf den Becherquerschnitt bezogen. Die so gewonnene Bodenreißfestigkeit σ_z wurde zur Ausgangsfestigkeit σ_{B_0} ins Verhältnis gesetzt und ergab das in Abbildung 20 unten dargestellte Diagramm. Es zeigt sich ähnlich wie bei HERRMANN und SACHS für den Anschlag, daß das Verhältnis σ_z/σ_{B_0} mit zunehmender Stempelrundung günstiger wird.

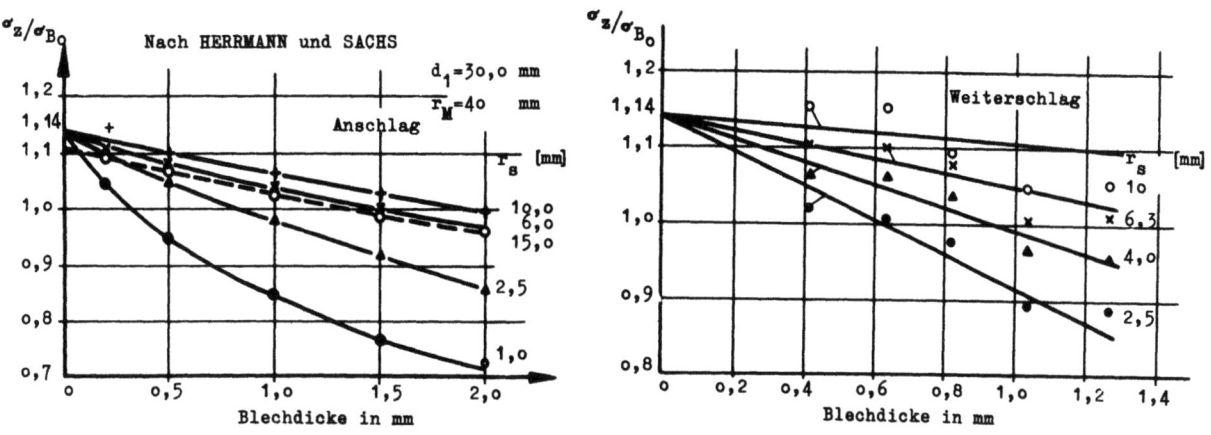

Abbildung 20

Verhältnis von Bodenreißfestigkeit zur Ausgangszugfestigkeit in Abhängigkeit von Blechdicke und Stempelrundung in An- und Weiterschlag bei Ms 63

D_0 = 94 mm $\qquad d_2$ = 34,3 mm
d_1 = 45,7 mm $\qquad r_M$ = 6,3 mm
r_S = 10 mm $\qquad 2\alpha$ = 90°

Tabelle 4 zeigt das Verhältnis σ_z/σ_{B_0} im Weiterschlag für verschiedene Kombinationen der Stempelrundung des An- und Weiterschlagwerkzeuges. Es ergibt sich, daß dieses Verhältnis bei dem verhältnismäßig kleinen Rondurchmesser von 82 mm durch eine Variation der Stempelrundung im Anschlag kaum beeinflußt wird. Eine Vergrößerung der Stempelrundung des Weiterschlagwerkzeuges wirkt sich dagegen günstig aus.

Um unter verschiedenen Voraussetzungen mit ein und demselben Stempel die Bodenreißkraft im An- und Weiterschlag zu bestimmen, wurde eine zweite Versuchsreihe mit Ms 63, Al 99,8 und nichtrostendem Stahl von 1,2 mm Dicke durchgeführt. Dabei wurde ein Stempel von 32 mm Dmr. und r_S = 6,3 mm einmal als Anschlag, ein andermal als Weiterschlagstempel benutzt.

Seite 47

Forschungsberichte des Wirtschafts- und Verkehrsministeriums Nordrhein-Westfalen

Tabelle 4

Verhältnis von Bodenreißfestigkeit zu Zugfestigkeit im Weiterschlag für verschiedene Stempelrundungen des An- und Weiterschlags

r_s Anschlag mm / Weiterschlag mm	2,5	6,3	10,0	15
2,5	1,06	1,01	1,000	1,016
4,0	1,06	1,057	1,048	1,033
6,3	1,096	1,111	1,092	1,101
10	1,17	1,163	1,152	1,144
12	-	1,172	1,14	1,16

Ms 63, $D_o = 82$ mm $\qquad d_2 = 34,3$ mm
$s_o = 0,6$ mm $\qquad 2\alpha = 90°$
$d_1 = 45,7$ mm

Beim Ziehen in An- und Weiterschlag wurde mit Anschlagstempeln von $d_1 = 45,7$ und $r_s = 2,5$; 10 und 15 mm gearbeitet. Der Ringdurchmesser war im Anschlag $d_M = 49,3$ bei $r_M = 10$ mm und im Weiterschlag $d_M = 35,6$ bei $r_M = 6,3$ mm und $2\alpha = 90°$. Im Weiterschlag wurden Becher mit größtmöglichem Anschlagziehverhältnis gezogen. Dabei war das Ziehverhältnis im Weiterschlag selbst 1,43. Die Bodenreißer wurden im Weiterschlag durch entsprechend hohe Niederhalterkraft erreicht.

Beim Anschlagzug mit $d_1 = 32$ mm war $d_M = 34,5$ und $r_M = 4,5$ mm. Die Bodenreißkraft wurde mit Rondendurchmessern $D_o > D_{o\,max}$ ermittelt.

Für den 32 mm-Stempel ergaben sich bei allen drei Werkstoffen gleich große Bodenreißkräfte im An- und Weiterschlag. Dabei war die Bodenreißkraft im Weiterschlag von der Stempelrundung r_s des vorausgegangenen Anschlages unabhängig, obwohl jeweils mit dem größtmöglichen Anschlagziehverhältnis vorgezogen wurde und dabei, wie später gezeigt wird, entlang der Stempelrundung eine große Blechschwächung eintritt.

Die Ergebnisse besagen, daß sich - wenigstens bis zum ersten Weiterschlag - die Bodenreißfestigkeit gegenüber dem Anschlag nicht ändert, obwohl im Weiterschlag an der Stempelrundung eine größere Blechschwächung vorhanden ist. Das Ergebnis besagt weiter, daß das im (ersten) Weiterschlag größtmögliche Ziehverhältnisse durch die Stempelrundung im Anschlag nicht beeinflußt wird. Durch eine günstigere Rundung im Anschlag wird nur das Gesamtziehverhältnis im An- und Weiterschlag beeinflußt.

Bei Anschlagzügen wird an Stelle der Stempelrundung oft eine Schräge angebracht, entsprechend dem Ziehringwinkel des anschließenden Weiterschlags. Der Einfluß derartiger Stempelformen wurde nicht untersucht. Diese Formen liegen jedoch bereits geometrisch zwischen kleinen und großen Stempelrundungen, so daß angenommen werden kann, daß auch diese Formen ohne Einfluß auf das im Weiterschlag erreichbare Ziehverhältnis sind.

g) Blechdickenunterschiede bei Ziehteilen nach dem 1. Weiterschlag

Die Versuche wurden mit Ms 63 von 1,2 mm durchgeführt, zunächst mit einem Ziehverhältnis im Weiterschlag von 1,33 unter Variation des Ziehwinkels von 180° bis 30°, sowie unter Variation der Ziehring- und der Stempelrundung. Die Werkzeugabmessungen und die Versuchsergebnisse sind im einzelnen den Abbildungen 21 und 22 zu entnehmen.

Die Schwächung an der Stempelrundung nimmt ebenso wie die größte Stempelkraft bei Verkleinerung des Ziehringwinkels bzw. Vergrößerung der Ringrundung gering ab. Ebenso nimmt die Schwächung bei Vergrößerung der Stempelrundung ab, entsprechend dem Verhalten der Bodenreißkraft. Weiter nimmt die Schwächung bei Vergrößerung des Rondendurchmessers zu.

Die Winkelvariation wurde mit Ziehringen aus Gußeisen durchgeführt, die Stempelvariation mit einem Ring aus Stahl. Der Vergleich beider bei r_s = 6,3 mm zeigt nur geringe Unterschiede, die z.T. meßtechnisch bedingt sein können.

Die Messungen bei Versuchsreihen mit größeren Weiterschlag-Ziehverhältnissen ergaben ebenfalls eine geringe Abnahme der Blechschwächung an der Stempelrundung bei Verkleinerung des Ringwinkels.

Die Randverdickung betrug im Mittel etwa 35 %, sie scheint mit kleinerem Ziehringwinkel zuzunehmen, wobei die Becherhöhe bei gleichem Ausgangs-Rondendurchmesser mit kleiner werdendem Ziehringwinkel gering abnimmt.

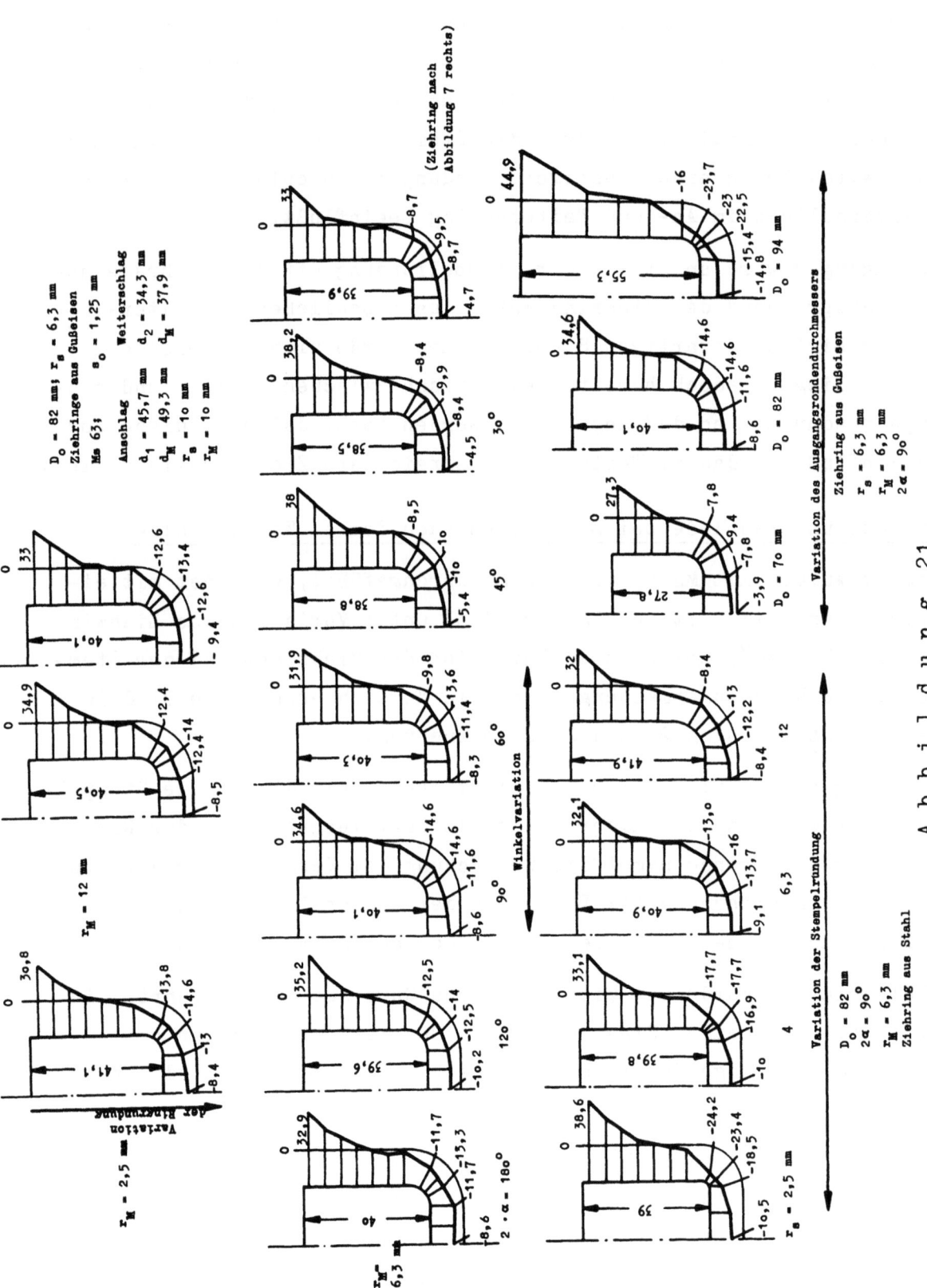

Abbildung 21

Wanddickenunterschiede in % an Ziehteilen nach dem ersten Weiterschlag bei Variation der Ziehring- und Stempelrundung und des Ziehringwinkels der Weiterschlagwerkzeuge sowie des Ausgangsrondendurchmessers

Forschungsberichte des Wirtschafts- und Verkehrsministeriums Nordrhein-Westfalen

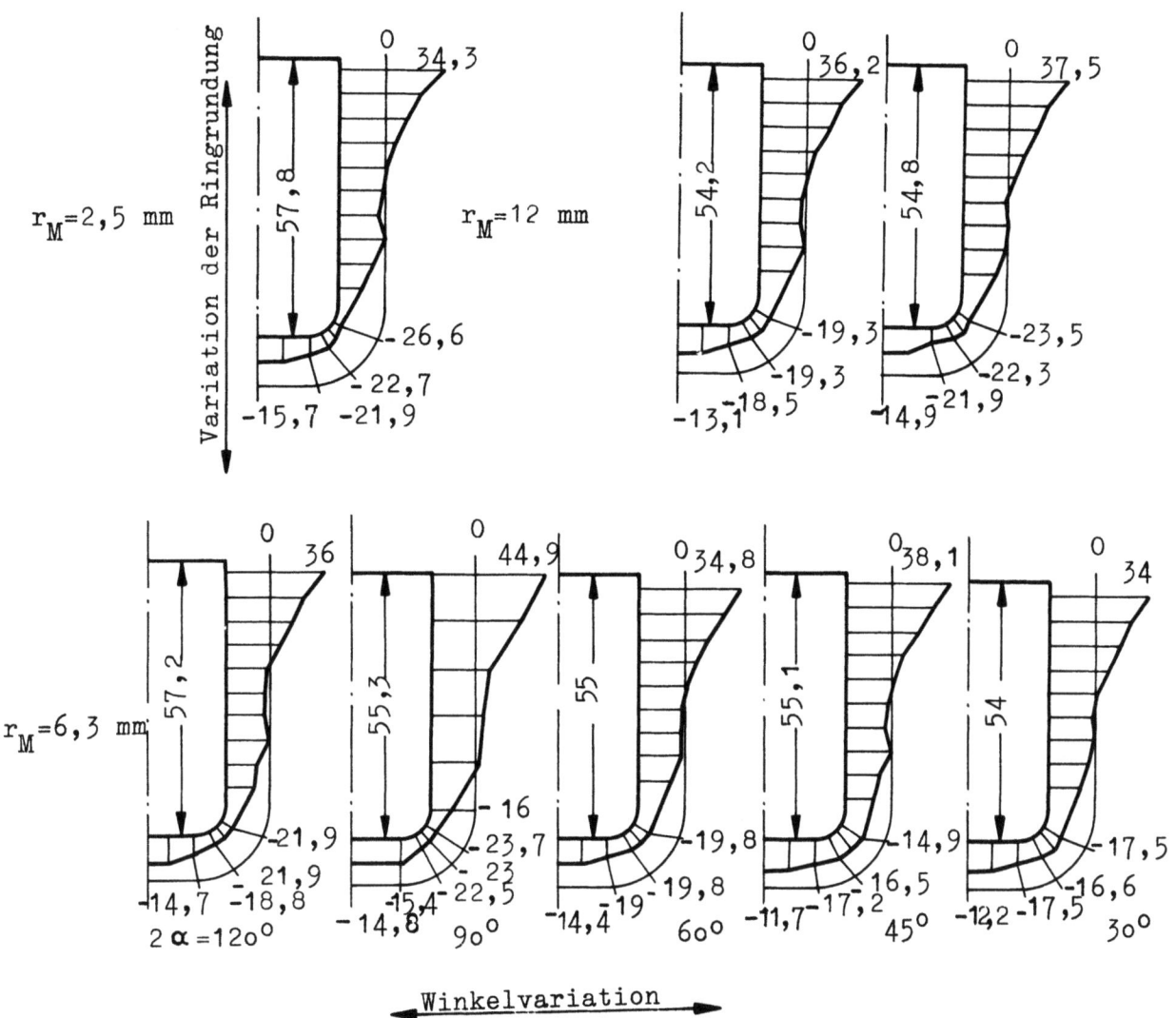

Abbildung 22

Wanddickenunterschiede in % bei Variation der Ziehringrundung
und des Ziehringwinkels der Weiterschlagwerkzeuge und einem
relativ großen Ausgangsrondendurchmesser

Da bei Verkleinerung des Ringwinkels einerseits die Blechschwächung an der Stempelrundung abnahm, andererseits die Randverdickung zunahm, ändert sich das Verhältnis von Randicke zu "Rundungsdicke" am Ziehteil durch diese Winkelvariation nur wenig.

Es sei noch festgehalten, daß bei sehr großen Ziehverhältnissen im Weiterschlag ($\beta_2 = 1,66$) bei 27,5 mm Stempeldurchmesser, $2\alpha < 90°$ und 1,2 mm Ausgangsblechdicke keine runden Becher mehr entstehen, sondern regelmäßige Vielecke.

Seite 51

Ein nennenswerter Ausgleich der Wanddickenunterschiede wird somit beim Übergang von $2 \cdot \alpha = 90°$ zu kleineren Ziehringwinkeln nicht erreicht. Es sei noch erwähnt, daß die Deutung der Ergebnisse durch Werkzeugungenauigkeiten und Qualitätsschwankungen der Ziehbleche erschwert wurde, wie dies auch bei den Untersuchungen über die Abhängigkeit der größten Stempelkraft der Fall war. Der Winkeleinfluß wurde am sichersten durch die Bestimmung der Grenzziehverhältnisse ermittelt.

h) Bestimmung des Grenzziehverhältnisses im Weiterschlag

Die Versuche wurden mit St VIII 23 von 1,0 und 1,25 mm Dicke, Al 99,8 und rostfreiem Stahl (304) mit 1,25 mm Dicke, sowie mit Ms 63 von 1,25; 1,0 und 0,8 mm Dicke durchgeführt.

Die Werkzeugabmessungen waren:

im Anschlag:

$d_1 = 45{,}7$ mm; $r_s = 15$ mm

für s_o [mm]	d_M [mm]	r_M [mm]	Bemerkungen
1,0 - 1,25	49,3	10,0	-
0,6 - 0,8	48,0	6,3	Ziehring aus Gußeisen

im Weiterschlag:

Stempel		Ziehring			Weiterschlagziehverh.
d_2^* [mm]	r_s [mm]	d_M [mm]	r_M [mm]	2α [°]	$ß_2$
36,6		40,2			1,26
34,3	10,0	37,9			1,33
32,0		35,6	6,3	45-60-90	1,43
29,7	6,3	33,4			1,54
27,5		31,2			1,66

* Zusätzlich für $d_2 = 34{,}3$ mm : $r_s = 2{,}5$; 4,0, 6,3 und 12,0 mm

Der Ziehringwinkel betrug $2\alpha = 45°$, $60°$ und $90°$, außerdem wurde ein Ziehring gemäß Abbildung 7 rechts in die Untersuchung einbezogen. Für $2\alpha = 90°$ wurden bei $d_2 = 34{,}3$ mm außer dem Stahlziehring zusätzlich noch zwei Gußeisenziehringe mit derselben Ringrundung und $d_M = 37{,}9$ mm ($w_B \approx 1{,}4\ s_o$)

bzw. $d_M = 38,8$ mm ($w_B \approx 1,8\ s_o$) verwendet, mit denen jedoch nur bei Ms 63 und V2A von $s_o \approx 1,2$ mm gearbeitet wurde. Der Rondendurchmesser war ab $D_o = 60$ mm bis D_{max} im Anschlag jeweils um 2 mm gestaffelt. Der größtmögliche Rondendurchmesser D_{max} war bei St VIII 23 und 1,2 mm (stark texturbehaftet) 102 mm, bzw. bei 1,0 mm Dicke 96 mm, bei Al 96 mm, bei nichtrostendem Stahl 99 mm, bei Ms 63 und 1,2 mm Dicke 102 mm, bzw. bei 1,0 mm Dicke 99 mm und bei 0,8 mm Dicke 101 mm. Neben dem stark texturbehafteten St VIII 23 von 1,25 mm Dicke standen aus derselben Lieferung einige Streifen texturfreien Blechs zur Verfügung. Es hatte einen größtmöglichen Rondendurchmesser von rd. 100 mm.

Es wurde für die jeweiligen Werkstoffe und Ziehringwinkel das durch Bodenreißer bedingte größtmögliche Ziehverhältnis im Weiterschlag bestimmt. Dieses ist vom Anschlagziehverhältnis $ß_1$, d.h. vom Rondendurchmesser abhängig. Die Versuche wurden zunächst ohne Zwischenglühung nach dem Anschlag durchgeführt. Die Ergebnisse sind im einzelnen in Tabelle 5 aufgeführt. Neben den jeweiligen größtmöglichen Rondendurchmessern ist das Anschlagziehverhältnis $ß_1$ und das Gesamtziehverhältnis $ß_{ges}$ eingetragen.

Es ergab sich allgemein, daß bei großem Anschlagziehverhältnis nur mit kleinem Weiterschlagziehverhältnis gezogen werden kann, mit kleiner werdendem Anschlagziehverhältnis kann dagegen das Weiterschlagziehverhältnis erhöht werden. Bei großem Anschlagziehverhältnis und kleinem Weiterschlagziehverhältnis wird im (ersten) Weiterschlag das größtmögliche Gesamtziehverhältnis erreicht. Dieses beträgt etwa 2,6 bis 3,0 bei einem Weiterschlagziehverhältnis von 1,2 bis 1,4. Bei diesen kleinen Weiterschlagziehverhältnissen ist - mit Ausnahme von Ms 63 und nichtrostendem Stahl bei $s_o = 1,2$ mm - die Größe des Ziehringwinkels anscheinend ohne Einfluß auf das Gesamtziehverhältnis; bei größeren Weiterschlagziehverhältnissen dagegen wird das Gesamtziehverhältnis mit kleiner werdendem Ziehringwinkel günstiger.

Zur Deutung dieses Winkeleinflusses bei den größeren Weiterschlag-Ziehverhältnissen sei nochmals auf die Abbildungen 13 und 14 zurückgegriffen. Aus diesen ist ersichtlich, daß die größte Stempelkraft allgemein im Weiterschlag nur gering vom Ausgangs-Rondendurchmesser abhängt. Dasselbe ergab auch die Stempelkraftberechnung für den Weiterschlag. Andererseits ergaben Versuch und Rechnung, daß die Stempelkraft im Weiterschlag nur gering vom Ziehringwinkel abhängt. Eine kleine, durch eine Winkeländerung bedingte Stempelkraftänderung hat somit eine große Änderung des im Weiterschlag erreichbaren Gesamtziehverhältnisses zur Folge.

Bei den jeweils kleinsten Weiterschlag-Ziehverhältnissen wurde das dabei mögliche größte Gesamtziehverhältnis in der Regel schon mit Ziehringwinkeln von $2\alpha = 90°$ erreicht. Dagegen wurde bei Ms 63 und rostfreiem Stahl bei 1,2 mm Blechdicke ein erheblicher Einfluß des Winkels auf das mögliche Gesamtziehverhältnis gefunden; dies bedeutet, daß auch bei den kleinen Weiterschlag-Ziehverhältnissen über kleine Änderungen der größten Stempelkraft noch große Verformungsunterschiede erzielt werden können. Damit konnte indirekt bewiesen werden, daß auch bei kleinen Weiterschlag-Ziehverhältnissen ein Einfluß des Ziehringwinkels auf die größte Stempelkraft vorhanden ist. Durch die bereits früher beschriebenen Stempelkraftmessungen konnte dieser Einfluß nicht mit Sicherheit nachgewiesen werden. Es wird daher empfohlen, auch bei kleinen Weiterschlag-Ziehverhältnissen mit kleinen Ziehringwinkeln zu arbeiten, um die Sicherheit gegen Bodenreißer zu erhöhen.

Bei Ms 63 von 1,0 und 0,8 mm Dicke trat dieser Winkeleinfluß bei dem kleinsten Weiterschlag-Ziehverhältnis nicht mehr auf, obwohl bei diesen Blechdicken annähernd dieselben Werkstoffeigenschaften wie bei 1,2 mm Dicke vorlagen. Dieser scheinbare Widerspruch ist dadurch bedingt, daß alle drei Blechdicken im Weiterschlag durch den gleichen Ring gezogen wurden. Die wirkliche Verformung ist daher bei den dünnen Blechen geringer als bei den dicken. Durch eine Erhöhung des Ziehringdurchmessers von $d_M = 37,9$ auf 38,8 mm wurde auch bei Ms 63 und nichtrostendem Stahl das höchste Gesamtziehverhältnis erreicht.

Bei den größeren Weiterschlag-Ziehverhältnissen nimmt nach Tabelle 5 das Gesamtziehverhältnis mit kleiner werdender Blechdicke zu. Diese scheinbare Zunahme ist ebenfalls durch die gleichbleibenden Ziehringdurchmesser bedingt. Es sei hier noch eingeflochten, daß bei Ms 63 von $s_o = 1,2$ mm bei $d_2 = 34,3$ mm, $d_M = 37,9$ mm ($w_B = 1,8$ mm) bei $2\alpha = 90°$ mit einem Ziehring aus Gußeisen ein Rondendurchmesser von 98 mm gezogen werden konnte im Gegensatz zum Stahlring gleicher Abmessungen und einem Grenzrondendurchmesser von 92 mm; bei nichtrostendem Stahl 304 konnte mit dem Gußeisenring ein Rondendurchmesser von 96 mm und mit dem Stahlring ein Rondendurchmesser von 88 mm gezogen werden.

Tabelle 5

Grenzziehverhältnisse ohne Zwischenglühung im ersten Weiterschlag bei verschiedenen Weiterschlags-Stempeldurchmessern und Ziehringwinkeln

d_2 mm	r_s* mm	β_2	m_2 $(=\frac{1}{\beta_2})$	s_o		Ms 63, s_o = 1,25 mm			Ms 63, s_o = 1,0 mm			Ms 63, s_o = 0,8 mm			Al 99,8, s_o = 1,25 mm			St VIII 23 mit Textur, s_o = 1,25 mm			St VIII 23 ohne Textur, s_o = 1,25 mm			St VIII 23, s_o = 1,0 mm			Rostfr. Stahl Nr. 304, s_o = 1,2 mm		
						90°	60°	45°	90°	60°	45°	90°	60°	45°	90°	60°	45°	90°	60°	45°	90°	60°	45°	90°	60°	45°	90°	60°	45°
27,5	6,3	1,66	0,6	D_o mm		62	66	70	64	66	70				60	64	70	64		74				64	66	70			
				β_{ges}		2,25	2,4	2,55	2,33	2,4	2,55				2,18	2,33	2,55	2,33		2,69				2,33	2,4	2,55			
				β_1		1,36	1,45	1,53	1,40	1,45	1,53				1,31	1,40	1,53	1,40		1,62				1,40	1,45	1,53			
29,7	6,3	1,54	0,65	D_o mm		64	72	74	66	74	76		76	78	68	74	76	80	96	100	78	82	82	70	76	78	76	78	82
				β_{ges}		2,16	2,42	2,49	2,22	2,49	2,56		2,56	2,63	2,29	2,49	2,56	2,69	3,23	3,37	2,63	2,76	2,76	2,36	2,56	2,63	2,38	2,44	2,56
				β_1		1,40	1,58	1,62	1,45	1,62	1,66		1,66	1,71	1,48	1,62	1,66	1,75	2,10	2,19	1,71	1,80	1,80	1,53	1,66	1,71	1,66	1,71	1,80
32,0	10,0	1,43	0,7	D_o mm		80	84	88	80	88	90	86	90	96	86	88	90	102	102	102	100	100	100	92	96	96	88	99	99
				β_{ges}		2,5	2,62	2,75	2,5	2,75	2,81	2,69	2,81	3,0	2,69	2,75	2,81	3,09	3,09	3,09	3,03	3,03	3,03	2,88	3,0	3,0	2,56	2,88	2,88
				β_1		1,75	1,84	1,93	1,75	1,93	1,97	1,88	1,97	2,10	1,88	1,93	1,97	2,23	2,23	2,23	2,19	2,19	2,19	2,02	2,10	2,10	1,71	1,80	
34,3	10,0	1,33	0,75	D_o mm		92	102	102	100	100	100	101	101	101	96	96	96							96	96	96		99	99
				β_{ges}		2,68	2,98	2,98	2,92	2,92	2,92	2,94	2,94	2,94	2,8	2,8	2,8							2,8	2,8	2,8		2,88	2,17
				β_1		2,02	2,23	2,23	2,19	2,19	2,19	2,21	2,21	2,21	2,10	2,10	2,10							2,10	2,10	2,10	1,93	2,17	2,17
36,6	10,0	1,26	0,795	D_o max		102			100			101			96			102			100			96				99	
				β_{ges}																								2,71	
				β_1																								2,17	

* $\frac{r_s}{d_2} \approx$ const. $\approx 0{,}3$

Rondendurchmesser bei den Versuchen um 2 mm gestaffelt.

Forschungsberichte des Wirtschafts- und Verkehrsministeriums Nordrhein-Westfalen

Zusammenfassend kann gesagt werden, daß durch eine geringe Änderung der größten Stempelkraft das Ziehergebnis im Weiterschlag stark beeinflußt wird. In gleicher Weise wirkt sich auch eine geringe Änderung der Bodenreißkraft im Weiterschlag stärker aus als im Anschlag.

Die Bodenreißkraft hängt einerseits von den Kennwerten des Blechs und andererseits von der Stempelrundung ab. Mit Ms 63 von 1,2 mm Dicke wurde deren Einfluß im Weiterschlag untersucht. Bei d_2 = 34,3 wurde mit Stempelrundungen von r_s = 2,5; 4,0; 6,3; 10,0 und 12,0 mm gezogen (mit einem Stahlziehring von d_M = 37,9 mm und $2\alpha = 90°$). Die größtmöglichen Rondendurchmesser waren dabei in der Reihenfolge der Stempelrundungen 82; 86; 90; 92 und 96 mm. Es wird daher empfohlen, möglichst große Stempelrundungen zu verwenden.

Verschiedentlich wird zu Näpfchenprüfgeräten außer dem üblichen Anschlagwerkzeug auch noch ein Werkzeug zum anschließenden Prüfen des Blechs im Weiterschlag geliefert. Es soll bei dieser Untersuchung noch nicht darauf eingegangen werden, ob aus dem größtmöglichen Rondendurchmesser oder anderen Ergebnissen des Anschlags auf das Ziehen im Weiterschlag geschlossen werden kann; es scheint jedoch, daß nach den hier mit verschiedenen Werkstoffen bestimmten Weiterschlag-Ziehverhältnissen innerhalb der Werkstoffe bzw. Gütegruppen besondere Unterschiede oder Schwankungen nicht zu erwarten sind. Es dürfte daher genügen, diese Verhältnisse allgemein zu untersuchen. Das im Weiterschlag mögliche Ziehverhältnis ist außerdem, wie die Versuche ergaben, nicht mit einem einzigen Weiterschlagwerkzeug zu prüfen. In einer späteren Untersuchung soll ermittelt werden, ob und wie weit aus den Kennwerten des Anschlags auf das Ziehen im Weiterschlag geschlossen werden kann. Dabei sollen auch die mit geringeren Blechgüten erreichbaren Weiterschlag-Ziehverhältnisse bestimmt werden.

Tabelle 6 zeigt in gleicher Weise wie Tabelle 5 die bei den Zwischenglühungen nach dem Anschlag erreichten Weiterschlag- und Gesamtziehverhältnisse. Bei den größeren Weiterschlag-Ziehverhältnissen ist wieder ein größerer Winkeleinfluß vorhanden. Es werden mit $D_{o\,max}$ im Anschlag Weiterschlag-Ziehverhältnisse von etwa 1,5 und mit kleinen Ziehringwinkeln Gesamtziehverhältnisse bis etwa 3,25 erreicht. Hierbei kam es bei kleinen Ziehringwinkeln wieder zu Bechern mit Vieleckquerschnitt. Die Werkzeuge der mit einer Zwischenglühung durchgeführten Versuche entsprachen denen der Versuche von Tabelle 5.

Forschungsberichte des Wirtschafts- und Verkehrsministeriums Nordrhein-Westfalen

Tabelle 6

Grenzziehverhältnisse im ersten Weiterschlag bei verschiedenen Weiterschlags-Stempeldurchmessern und Matrizenwinkeln bei einer Zwischenglühung nach dem Anschlag

Glühbehandlung
Ms 63   = 660° 1 Std.
St VIII 23 = 550° 30 Min.

d_2 mm	r_s* mm	ß2 mm	m_2		Ms 63 s_o = 1,0 mm			St VIII 23 s_o = 1,0 mm		
					90°	60°	45°	90°	60°	45°
27,5	6,3	1,66	0,60	D_o mm				74	82	84
				ß$_{ges}$				2,69	2,98	3,06
				ß$_1$				1,62	1,80	1,84
29,7	6,3	1,54	0,65	D_o mm	90	94	99	90	95	96
				ß$_{ges}$	3,03	3,16	3,33	3,03	3,20	3,24
				ß$_1$	1,97	2,06	2,17	1,97	2,08	2,10
32	10,0	1,43	0,70	D_o mm	102	102	102	96	96	96
				ß$_{ges}$	2,97	2,97	2,97	3,00	3,00	3,00
				ß$_1$	2,23	2,23	2,23	2,10	2,10	2,10

* $\frac{r_s}{d_2}$ const. 0,3

Rondendurchmesser bei den Versuchen um 2 mm gestaffelt

j) Weiterschlagreihen ohne und mit Zwischenglühung

Die Versuche wurden mit St VIII 23, Ms 63 und Al 99,8 durchgeführt. Die Blechdicke betrug bei St VIII 23 sowie bei Ms 63 1,0 und 1,2 mm und bei Al 1,2 mm. Doe Abmessungen des hierbei benutzten Werkzeugsatzes sind der Tabelle 7 zu entnehmen. Es sei hervorgehoben, daß bei sämtlichen Weiterschlagringen der Ziehwinkel 2 α = 90° war. Bei zwei aufeinanderfolgenden Stempeln beträgt dabei das Ziehverhältnis etwa 1,1. Beim Überspringen einer der vorhandenen Stempeldurchmesser beträgt das Ziehverhältnis etwa

1,2 usw. Je nach Bedarf sind Weiterschlag-Ziehverhältnisse von etwa 1,1 - 1,2 - 1,3 usw. möglich.

Bei dem in größerer Menge zur Verfügung stehenden stark texturbehafteten St VIII 23 von 1,25 mm Dicke war das insgesamt mögliche Ziehverhältnis durch die Zipfelbildung und eine zwischen den Zipfeln auftretende besondere Faltenbildung begrenzt, wobei sich ausgestanzte Ronden infolge teilweise vorhandener Schnittkantenverfestigung ungünstiger verhielten als die auf der Drehbank ausgestochenen. In Anbetracht dieser Besonderheiten wird hier auf die nicht allgemein gültigen Versuchsergebnisse nicht weiter eingegangen.

Die bei den jeweiligen Zügen erreichten größten Ziehverhältnisse und die dadurch bedingten Gesamtziehverhältnisse sind den Abbildungen 23, 24 und 25 zu entnehmen. Ein größtmögliches Gesamtziehverhältnis wird auch bei mehreren hintereinander folgenden Weiterschlägen dann erreicht, wenn mit größtmöglichem Anschlagziehverhältnis begonnen wird. Mit kleiner werdenden Anschlagziehverhältnissen wird zunächst ein kleineres Gesamtziehverhältnis erreicht, das für kleine Ausgangs-Rondendurchmesser wieder günstiger wird (siehe Abb. 23 und 24).

Für die Weiterschlagreihe mit größtmöglichem Gesamtziehverhältnis der Abbildung 24 wurden in der Abbildung 26 die größte Stempelkraft und die größte Ziehspannung $\sigma_{1\,max}$ (größte Stempelkraft bezogen auf den Mantelquerschnitt des Bechers) über den Stempeldurchmessern der Reihe aufgetragen. Bei der Berechnung der Querschnittfläche wurde die jeweils gemessene Ausgangsblechdicke der Ronde eingesetzt, die Fläche war somit gleich $\pi(d_n + s_o)s_o$. In der gleichen Weise wurde über die gemessene Bodenreißkraft die Bodenreißfestigkeit σ_z bestimmt. Da bei der gewählten Weiterschlagreihe vom größtmöglichen Rondendurchmesser des Anschlags ausgegangen wurde, konnte in der Regel nur die Bodenreißkraft des nächst kleineren Stempeldurchmessers herangezogen werden. Bei den Diagrammen sind die jeweiligen Rondendurchmesser neben den gewählten Stempelrundungen angegeben.

Aus der Abbildung ist zu entnehmen, daß die größte Stempelkraft mit steigender Zugzahl abnimmt. Die Ziehspannung ändert sich bis zum ersten Weiterschlag, d.h. dem zweiten Zug, nur gering; das gleiche gilt in Übereinstimmung mit den vorangegangenen Versuchen auch für die Bodenreißfestigkeit. Vom ersten bis zum dritten Weiterschlag fällt die Bodenreißfestig-

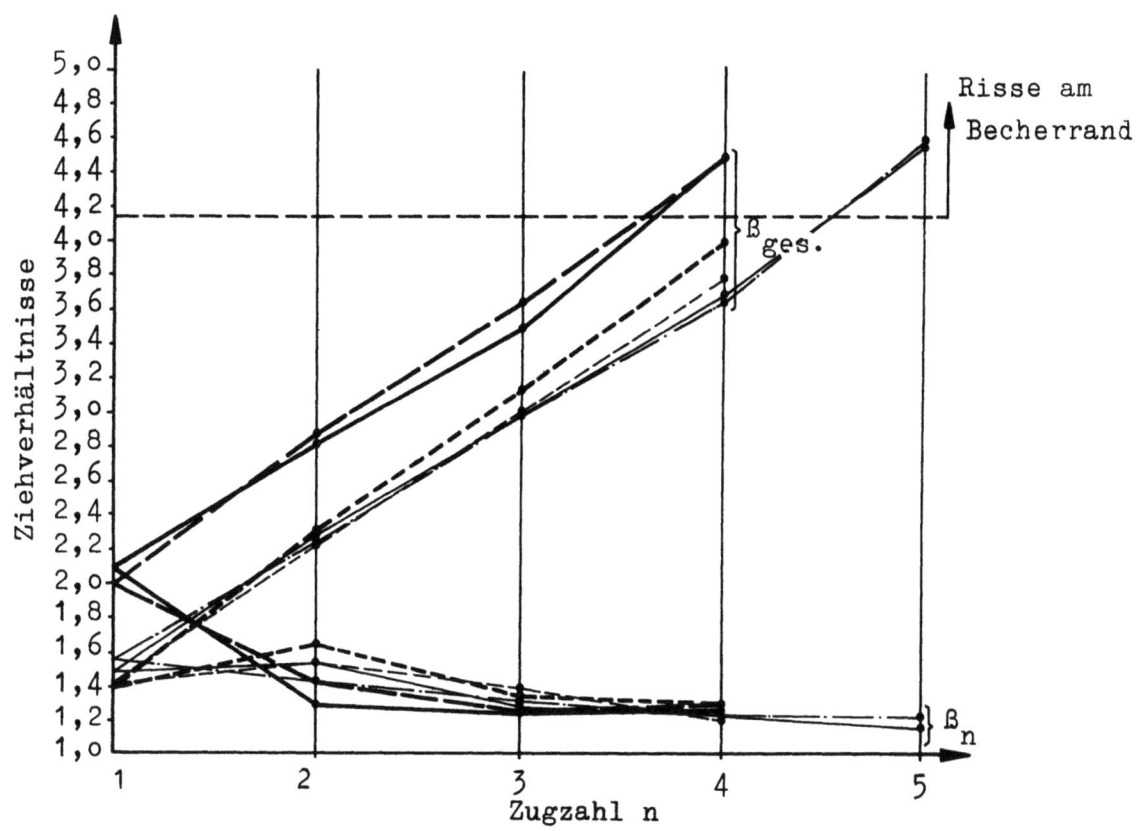

Abbildung 23

Grenzziehverhältnisse einer Weiterschlagsreihe

mit St VIII 23 (ohne Zwischenglühung)

$s_o = 1,0$ mm $\qquad d_4 = 21,4-15,7$ mm

$d_1 = 45,7$ mm $\qquad d_5 = 15,7-14,9$ mm

$d_2 = 34,3-27,5$ mm

$d_3 = 27,5-20,4$ mm $\quad 2\alpha = 90°$

Weitere Werkzeugabmessungen nach Tabelle 7

keit im Mittel um etwa 10 % ab, entsprechend auch die größte Ziehspannung. Dies kann jedoch durch die Variation der Stempelrundung bedingt sein. (Bei dem vorhandenen Werkzeugsatz konnte das von HERRMANN und SACHS[8]) empfohlene günstigste Verhältnis von $r_s/d_n \approx 0,33$ nicht genau eingehalten werden).

Trotzdem kann an Hand dieser Tastversuche angenommen werden, daß die unter Zugrundelegung der Ausgangsblechdicke bestimmte Bodenreißfestigkeit mit steigender Zugzahl nur wenig abnimmt. Demgegenüber steht eine ebenfalls nur geringe Zunahme der mittleren Formänderungsfestigkeit $k_{f_{mI}}$ der Verformungszone mit steigender Zugzahl. Beides zusammen ergibt, wie aus

Forschungsberichte des Wirtschafts- und Verkehrsministeriums Nordrhein-Westfalen

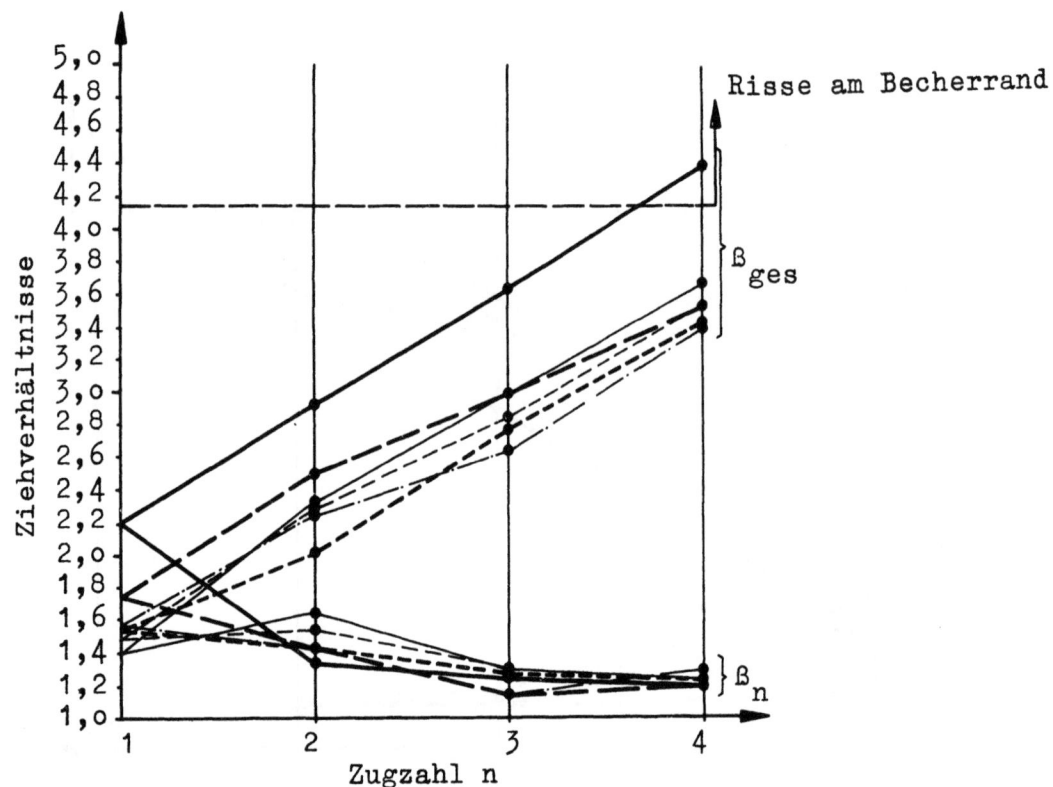

Abbildung 24

Grenzziehverhältnisse einer Weiterschlagsreihe

mit Ms 63 (ohne Zwischenglühung)

s_o = 1,0 mm d_3 = 27,5-21,4 mm

d_1 = 45,7 mm d_4 = 22,7-17,4 mm

d_2 = 34,3-27,5 mm $2\alpha = 90°$

Weitere Werkzeugabmessungen nach Tabelle 7

den Versuchen ersichtlich, eine geringe Abnahme des Ziehverhältnisses β_n mit größer werdendem n.

Die größten Ziehspannungen liegen nur knapp unter der jeweiligen Bodenreißfestigkeit. Dies besagt, daß die mit dieser Reihe erreichten Ziehverhältnisse für die gewählte Ziehringform wirkliche Grenzziehverhältnisse sind.

Die Abbildungen 27 und 28 zeigen für St VIII 23 und Ms 63 Weiterschlagreihen mit Zwischenglühung nach jedem Zug, jeweils mit dem größtmöglichen Anschlagziehverhältnis beginnend. Auf Grund der beschriebenen Glühversuche wurde in beiden Fällen ein gleichbleibendes Weiterschlag-Ziehverhältnis von 1,5 angenommen. Zum Vergleich sind die ohne Zwischenglü-

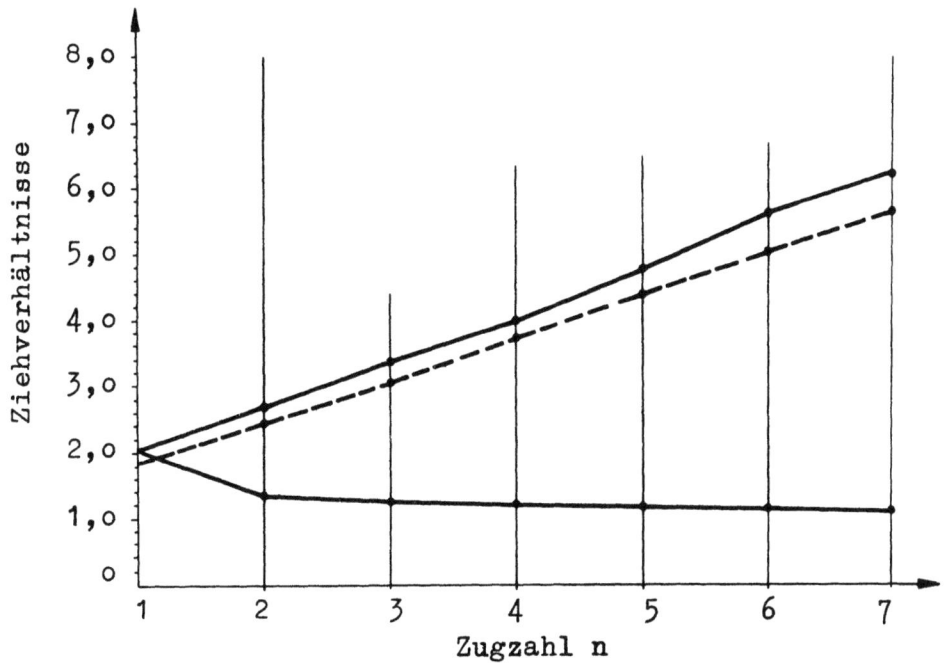

Abbildung 25

Grenzziehverhältnisse einer Weiterschlagsreihe
mit Al 99,8 (ohne Zwischenglühung)

$s_o = 1,2$ mm $\qquad d_4 = 22,7$ mm
$d_1 = 45,7$ mm $\qquad d_5 = 19,3$ mm
$d_2 = 34,3$ mm $\qquad d_6 = 16,5$ mm
$d_3 = 27,5$ mm $\qquad d_7 = 14,9$ mm
$2\alpha = 90°$

Weitere Werkzeugabmessungen nach Tabelle 7

hung mit denselben Werkstoffen und Ausgangs-Rondendurchmessern erreichten Verhältnisse eingezeichnet.

Wird bei St VIII 23 und Ms 63 mit größtmöglichen Ziehverhältnissen in Weiterschlagreihen gezogen, so kann es während des Ziehens, unabhängig vom Rondendurchmesser, bei einem Gesamtziehverhältnis von etwa 4,2 zu Anrissen am Becherrand in Richtung der Mantellinien kommen, ausgehend von Unregelmäßigkeiten am Becherrand. Diese Risse sind dadurch bedingt, daß der Becherrand bei diesem Gesamtziehverhältnis bereits stark kaltverfestigt und daher nicht mehr in der Lage ist, die beim Aufweiten im letzten Stadium des Weiterschlags entstehenden Zugspannungen durch eine Deformation auszugleichen[13].

Im vorliegenden Fall wurden die beim Aufweiten auftretenden Zugspannungen durch die Kerbwirkung der erwähnten Unregelmäßigkeiten erhöht. Diese

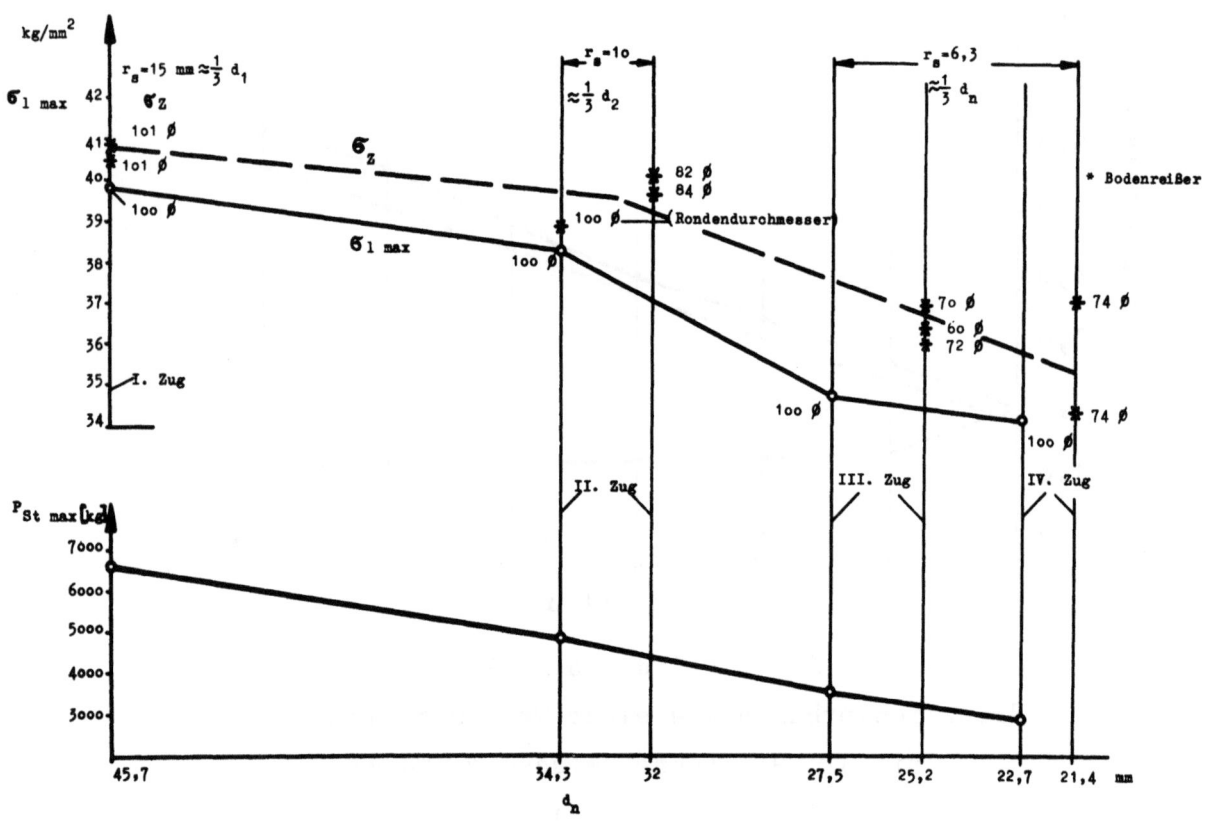

Abbildung 26

Größte Stempelkräfte und Ziehspannungen, sowie Bodenreißfestigkeiten der Weiterschlagsreihe nach Abbildung 24

Zugspannungen werden herabgesetzt, wenn der Rand der Ziehteile rechtzeitig eben gestochen wird oder wenn durch kleinere Weiterschlag-Ziehverhältnisse oder Ziehringe nach Abbildung 7 Mitte dieses Aufweiten vermindert oder vermieden wird. Dieses Aufreißen ist verfahrensbedingt und ist nicht als allgemein gültige Werkstofferschöpfung an das genannte Gesamtziehverhältnis gebunden.

Daneben kam es bei Ms 63 und größtmöglichen Weiterschlag-Ziehverhältnissen von einem Gesamtziehverhältnis von etwa 5 ab zur Querrissen. Das Auftreten dieser Querrisse war ebenfalls unabhängig vom Ausgangs-Rondendurchmesser. Diese Querrisse sind bei Gesamtziehverhältnissen von etwa 4 zunächst sehr klein und von Oberflächenrauhigkeiten kaum zu unterscheiden. Abbildung 29 zeigt den Übergang von feinen zu großen und tiefen Rissen.

Dagegen wurde bei Weiterschlag-Ziehverhältnissen der Zugfolge von etwa 1,1 bei Ms 63 unabhängig vom Rondendurchmesser erst von einem Gesamtzieh-

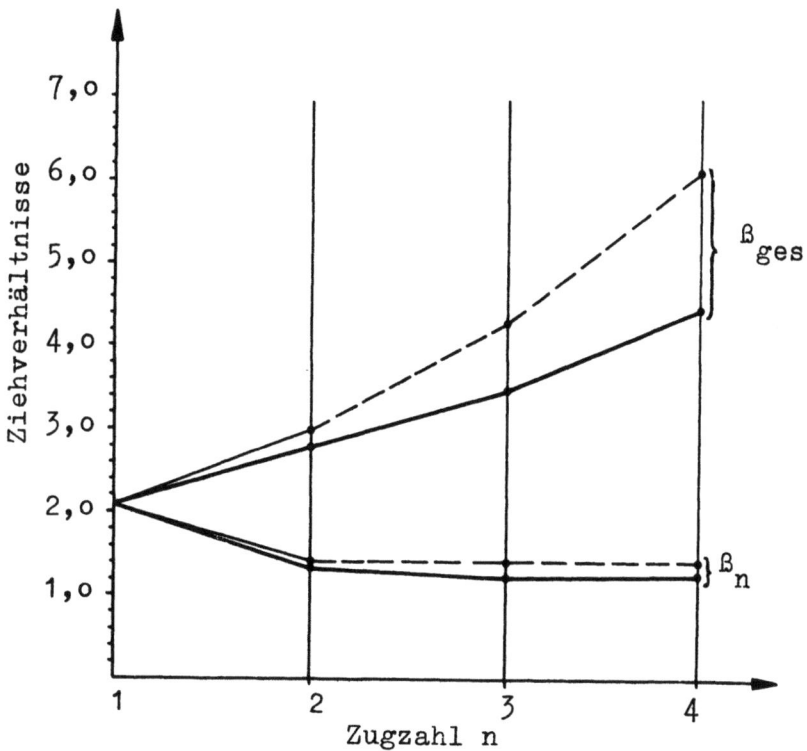

— — mit Zwischenglühung   ——— ohne Zwischenglühung
Weitere Werkzeugabmessungen nach Tabelle 7

Abbildung 27

Grenzziehverhältnisse einer Weiterschlagsreihe mit St VIII 23
und einer Zwischenglühung nach jedem Zug

$s_o = 1,0$ mm $d_3 = 27,5$ mm
$d_1 = 45,7$ mm $d_4 = 21,4$ mm
$d_2 = 34,3-32$ mm $2\alpha = 90°$

verhältnis von etwa 4,5 ab eine leichte Oberflächenrauhigkeit festgestellt, ohne daß es bei dem mit dem vorhandenen Werkzeugsatz in 13 Zügen erreichten Gesamtziehverhältnis von etwa 6,4 zu einer Rißbildung kam. Diese Querrisse gehen vermutlich wie die eben behandelten Mantellinienrisse auf zusätzliche Zugspannungen zurück. Es wird angenommen, daß sie bei der Biegung um die Ringrundung r_M entstehen.

Bei Al 99,8 wurde - ohne daß eine Rißbildung beobachtet werden konnte - ein Gesamtziehverhältnis von etwa 6,4 mit 7 Zügen mit Grenzziehverhältnissen erreicht. Bei Aluminium verläuft die Fließkurve sehr flach. Zusätzliche Dehnungen können daher ohne besondere Spannungserhöhung ausgeglichen werden.

Forschungsberichte des Wirtschafts- und Verkehrsministeriums Nordrhein-Westfalen

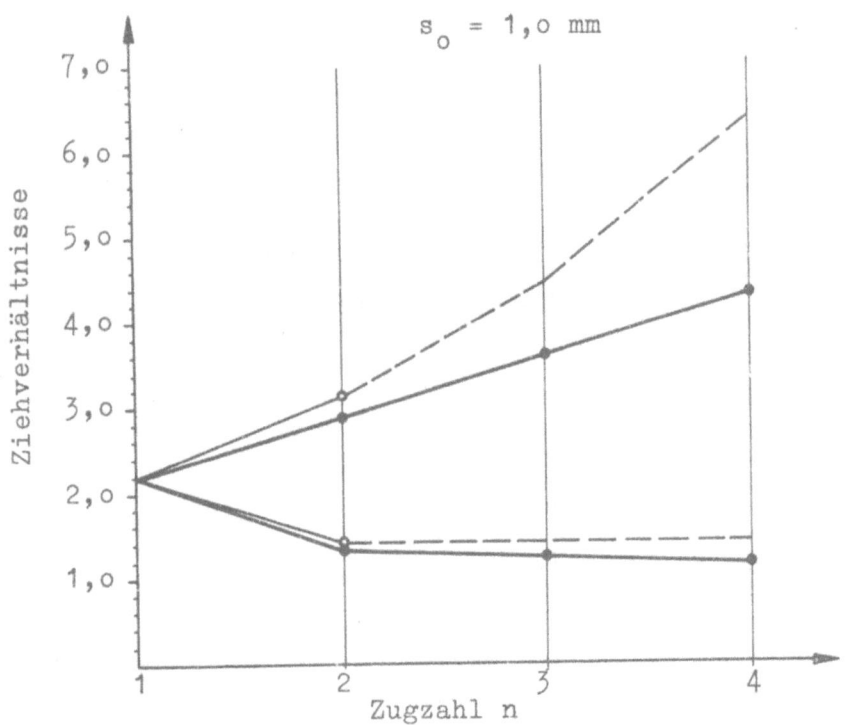

Abbildung 28
Grenzziehverhältnisse einer Weiterschlagsreihe mit
Ms 63 und einer Zwischenglühung nach jedem Zug

$d_1 = 45{,}7$ mm $\quad d_3 = 27{,}5$ mm
$d_2 = 34{,}3 - 32$ mm $\quad d_4 = 22{,}7$ mm
$2\alpha = 90°$

Abbildung 29
Oberflächenrisse an
Messingbechern,
$D_0 = 98$ mm, $d_5 = 19{,}3$ mm,
$s_0 = 1{,}25$ mm

Bei den Weiterschlagreihen war die im Ziehteil auftretende Blechdickenänderung bei gleichem Ausgangs-Rondendurchmesser und gleichem erreichten Gesamtziehverhältnis von der gewählten Abstufung der Zugfolge abhängig. Bei kleinen Weiterschlag-Ziehverhältnissen war die Blechdicke allgemein größer, die Ziehteilhöhe entsprechend kleiner als bei großen Ziehverhältnissen. Die Abbildung 30 zeigt dies für Al 99,8.

Wenn entsprechend Tabelle 7 gezogen wird, wie bei diesen Reihen mit großem Ziehspalt $w_B = 1{,}4 \cdot s_0$ so ist bei großem Ausgangs-Rondendurchmesser am Ende der Reihe die Blechdicke des Becherrandes ungefähr doppelt so groß wie diejenige an der Rundung (siehe Abb. 30 u. 31). Da diese Unterschiede für viele Ziehteile nicht zulässig sind, wird im folgenden noch kurz das Ziehen im An- und Weiterschlag mit einer Spaltweite $w_B \approx s_0$ untersucht.

Forschungsberichte des Wirtschafts- und Verkehrsministeriums Nordrhein-Westfalen

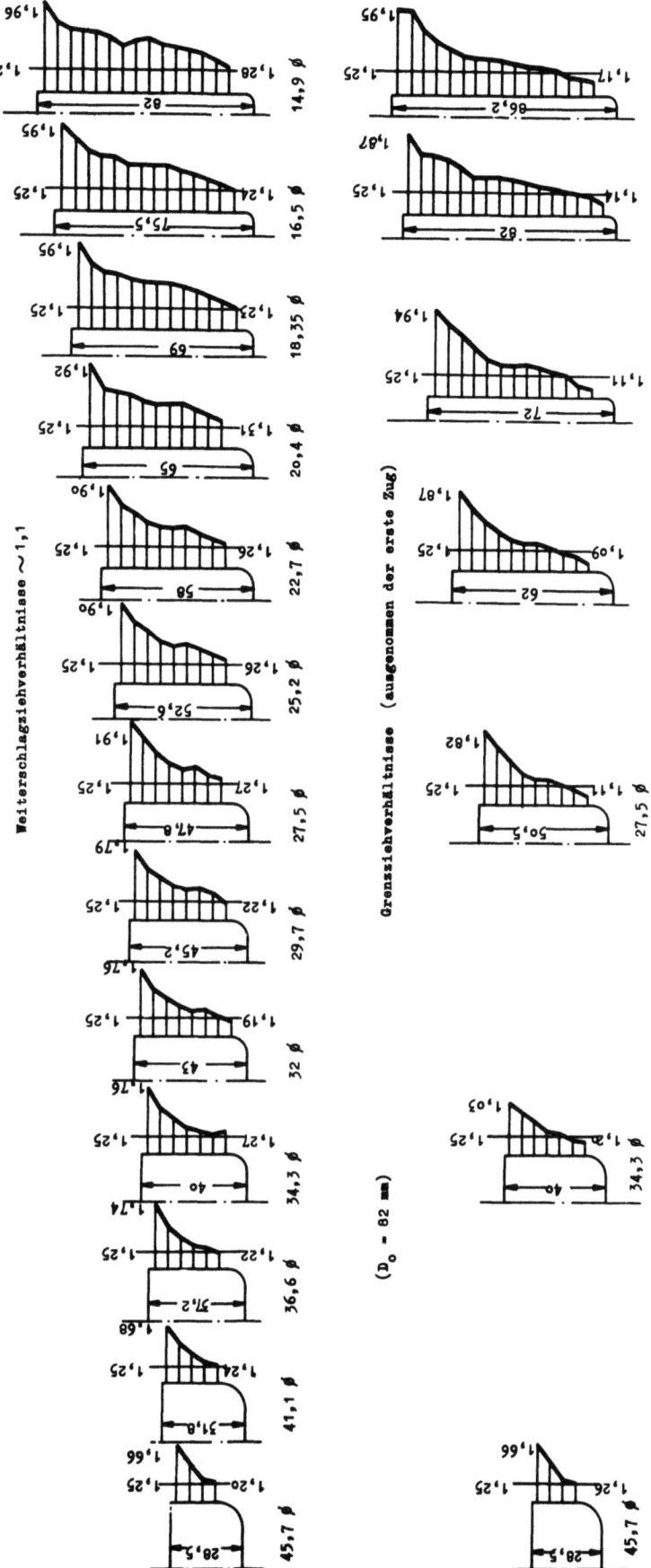

Abbildung 30

Wanddickenunterschiede im Weiterschlag bei Al 99,8 und verschiedenen Weiterschlagsziehverhältnissen; $D_o = 82$ mm, $s_o = 1,25$ mm $2\alpha = 90°$

Forschungsberichte des Wirtschafts- und Verkehrsministeriums Nordrhein-Westfalen

Tabelle 7

Werkzeugabmessungen für Weiterschlagsreihen

$2\alpha = 90°$ $r_M = 6,3$ mm

Lfd. Nr.	d_n mm	r_S mm	d_M mm	w_B mm	r_S/d_n
1	45,7	1o	49,3	1,8	o,218
2	41,1	1o	44,7	1,8	o,234
3	36,6	1o	4o,2	1,8	o,172
4	34,3	1o	37,9	1,8	o,1835
5	32,o	1o	35,6	1,8	o,197
6	29,7	6,3	33,4	1,85	o,212
7	27,5	6,3	31,2	1,9	o,229
8	25,2	6,3	29,o	1,9	o,25
9	23,9	6,3	27,7	1,9	o,264
1o	22,7	6,3	26,6	1,9	o,278
11	21,4	6,3	25,2	1,9	o,294
12	2o,4	6,3	24,3	1,95	o,3o8
13	19,3	4,o	23,2	1,95	o,2o7
14	18,35	4,o	22,3	1,975	o,218
15	17,4	4,o	21,4	2,o	o,23
16	16,5	4,o	2o,5	2,o	o,242
17	15,7	4,o	19,7	2,o	o,255
18	14,9	4,o	18,9	2,o	o,268

Bei lfd. Nr. 4 wurde bei Ms 63 von 1,2 mm mit einem Gußeisenring von d_M=38,8 mm gearbeitet.

k) Das Ziehen im An- und Weiterschlag mit engem Ziehspalt

Es wurde im Anschlag und im ersten Weiterschlag mit Ms 63 von rd. 1,25 mm (gemessener) Dicke zur Vorbereitung späterer Versuche stichprobenweise untersucht, wie weit durch einen engen Ziehspalt zwischen Ring und Stempel von $w_B \approx 1,1\ s_o$ das größtmögliche Ziehverhältnis im An- und Weiterschlag beeinflußt wird. Außerdem wurden die bei diesem Spalt am Ziehteil erreichten Blechdicken ermittelt. Die gewählten Ringe waren aus früheren Versuchen bereits vorhanden.

Forschungsberichte des Wirtschafts- und Verkehrsministeriums Nordrhein-Westfalen

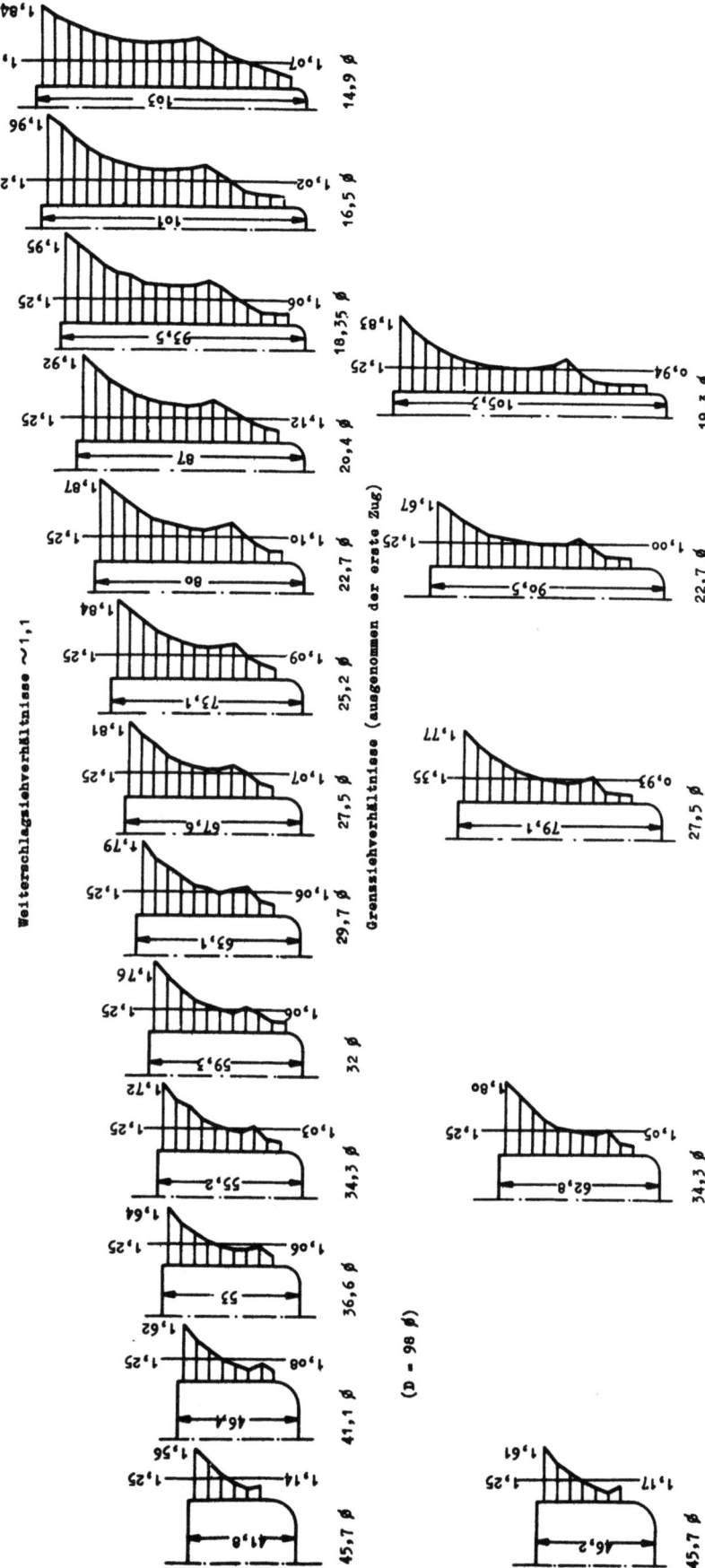

Abbildung 31

Wanddickenunterschiede im Weiterschlag bei Ms 63 und verschiedenen Weiterschlagziehverhältnissen $D_o = 95$ mm, $2\alpha = 90°$, $s_o = 1,25$ mm

Forschungsberichte des Wirtschafts- und Verkehrsministeriums Nordrhein-Westfalen

Die Werkzeugabmessungen waren

<u>im Anschlag:</u>

$d_1 = 45,7$ und $r_S = 15$ mm

$d_M = 48,4$ und $r_M = 10$ mm

($w_B \approx 1,1 \cdot s_o = 1,35$ mm)

<u>im Weiterschlag:</u>

$d_2 = 34,3$ und $r_S = 10$ mm

$d_M = 37,1$ und $r_M = 6,3$ mm

($w_B \approx 1,1 \cdot s_o = 1,4$ mm)

jeweils für $2\alpha = 90°$

Die Ziehringe des An- und Weiterschlags waren aus Gußeisen, zum Vergleich wurde für den Anschlag noch ein Stahlring gleicher Ringrundung mit $w_B = 1,4\, s_o$ herangezogen ($d_M = 49,3$ mm).

Abbildung 32 zeigt verschiedene Stempelkraft-Stempelweg-Diagramme des Anschlags. Bei Diagramm 1 wurde mit $D_o = 100$ mm und $w_B = 1,1\, s_o$, bei 2 mit $D_o = 100$ mm und $w_B = 1,4\, s_o$ gezogen. Die größte Stempelkraft ist im zweiten Fall wegen des dabei benutzten Stahlrings um etwa 8 % größer, in Übereinstimmung mit anderen Vergleichsmessungen bei Guß-, bzw. Stahlringen. Bei $w_B = 1,1\, s_o$ ist das durch Abstrecken erreichte zweite Stempelmaximum etwa gleich dem ersten. (Bei kleineren Rondendurchmessern liegt jedoch das zweite Maximum wesentlich über dem ersten). Diagramm Nr. 3 zeigt, daß der Bruch bei $D_o > D_{o\,max}$ im Bereich des ersten Maximums anfällt.

Im Anschlag wurde mit $w_B = 1,4\, s_o$ bestenfalls ein Rondendurchmesser von 102 mm, d.h. ein Ziehverhältnis von 2,23 erreicht, mit $w_B = 1,1\, s_o$ dagegen bei 107 mm ein Ziehverhältnis von 2,35. Auf Grund anderer Anschlagziehversuche mit ähnlichen Unterschieden im Ziehspalt kann gesagt werden, daß ein Teil dieser Verbesserung auf die Spaltverkleinerung und ein weiterer Teil auf den Übergang vom Stahl- zum Gußring zurückzuführen ist. Die Erhöhung des Ziehverhältnisses durch Spaltverkleinerung kann jedoch nur dann betriebsmäßig ausgenutzt werden, wenn die Blechdickenschwankungen der Ronden gering sind. Die Verbesserung des Ziehverhältnisses durch eine Verkleinerung des Ziehspalts ist dadurch zu erklären, daß durch die Spaltverengung am Stempel und am Ziehring zwar im Spalt die gleiche Flächenpressung entsteht, am Stempel jedoch der Reibungskoeffizient der Ruhe,

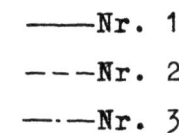
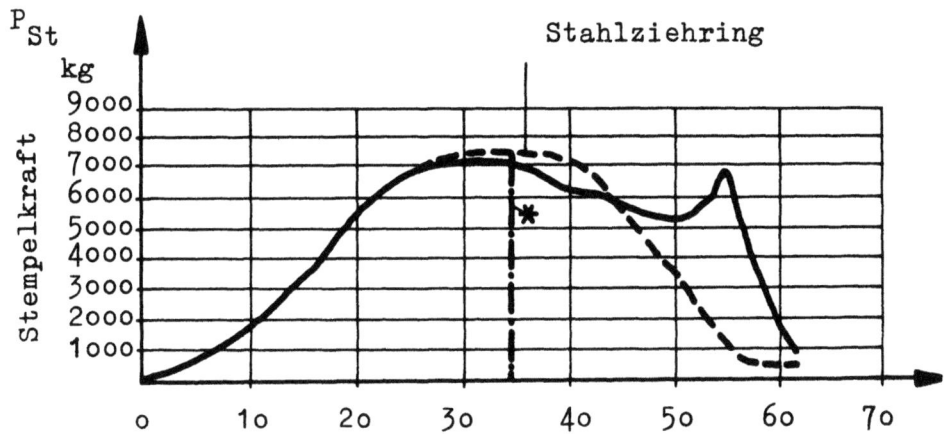

A b b i l d u n g 32
Stempelkraft-Stempelweg-Diagramme des Anschlags
bei verschiedenen Ziehspaltweiten

am Ring der der Bewegung gilt. Die durch die oben genannte Ziehspaltverringerung eintretende Ziehkrafterhöhung ist demzufolge kleiner als der Teil der Stempelkraft, der nunmehr unmittelbar vom Stempel auf die Ziehteilwand übertragen wird. Die seitherige Zone der Kraftübertragung (Ziehteilboden und Rundung) wird entlastet, entsprechend steigt der größtmögliche Rondendurchmesser[14].

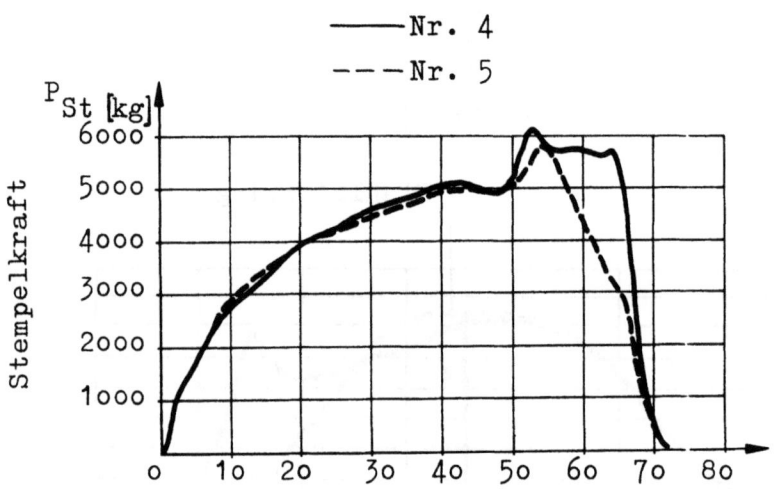

Ms 63 r_s = 10 mm
D_o = 100 mm r_M = 6,3 mm
d_1 = 45,7 mm 2α = 90°
d_2 = 34,3 mm w_B = 1,1 s_o

Nr.	s_o mm	w_B	$P_{St\ max}$ kg
4	1,28	= 1,4 s_o	6060
5	1,31	≈ 1,1 s_o	5740

Abbildung 33

Stempelkraft-Stempelweg-Diagramme des Weiterschlags bei verschiedenen Ziehspaltweiten im Anschlag und kleiner Spaltweite im Weiterschlag

Abbildung 33 zeigt zwei Stempelkraft-Stempelweg-Diagramme des Weiterschlags, wobei im einen Fall im An- und Weiterschlag mit w_B ≈ 1,1 s_o gezogen wurde, im anderen Fall im Anschlag mit w_B = 1,4 s_o und im Weiterschlag mit w_B ≈ 1,1 s_o. Die größten Stempelkräfte sind wesentlich verschieden. Vorzuziehen ist jedoch ein Ziehen mit w_B ≈ 1,1 s_o im An- und Weiterschlag, wobei durch einen Führungsring nach Abbildung 7 Mitte das Weiterschlag-Ziehverhältnis bei 2α = 90° voraussichtlich verbessert werden kann.

Im Weiterschlag konnten die aus D_o = 107 mm mit d_2 = 34,3 mm (β_2 = 1,33) und w_B ≈ 1,1 s_o gezogenen Becher weitergezogen werden. Ein Weiterschlagwerkzeug mit kleinerem Stempeldurchmesser und einem Ziehspalt von $w_B \approx s_o$ stand nicht zur Verfügung.

Bei den mit den genannten Spaltweiten im An- und Weiterschlag gezogenen Bechern wurden die erreichten Wanddicken bestimmt. Dabei ergab sich, daß bei großen Ausgangs-Rondendurchmessern das Verhältnis von größter Blechdicke am Becherrand zur kleinsten an der Rundung im Anschlag bei $w_B = 1,4 \, s_o$ etwa 1,8 betrug, bei $w_B \approx 1,1 \, s_o$ etwa 1,53. Im Weiterschlag wurde bei $w_B = 1,4 \, s_o$ im Anschlag und $w_B \approx 1,1 \, s_o$ im Weiterschlag ungefähr 1,57 erreicht und mit $w_B \approx 1,1 \, s_o$ im An- und Weiterschlag ungefähr 1,45. Es sei hier noch eingeflochten, daß beim Ziehen im An- und Weiterschlag mit $w_B \approx 1,4 \, s_o$ das Verhältnis von größter und kleinster Wanddicke stark vom Ausgangs-Rondendurchmesser abhängt (siehe Abb. 22).

Die hier genannten Verhältnisse zeigen, daß bereits im Anschlag mit Spaltweiten $w_B \approx s_o$ gearbeitet werden muß, wenn bei den Ziehteilen ein geringer Blechdickenunterschied verlangt wird und keine besonderen Abstreckzüge eingeschoben werden. Jedoch ist auch möglich, gewöhnliche An- und Weiterschlagziehringe mit großem Spalt mit Abstreckringen zu Doppelzügen zusammenzufassen. Es ist noch zu untersuchen, welches Verfahren gegebenenfalls das günstigste ist.

Abbildung 34 zeigt die im Weiterschlag mit $w_B \approx 1,1 \, s_o$ im An- und Weiterschlag erreichten Wanddicken. Allgemein waren die größten Wanddicken größer als der vorhandene Ziehspalt, da beim Abstrecken die Ziehringe auffedern.

1) Der Einfluß der Auslagerungszeit auf das Ziehen im Weiterschlag

Bei kaltverformten Stahltiefziehblechen kommt es nach längerer Auslagerungszeit zu einer Änderung der Werkstoffeigenschaften. Die Kerbzähigkeit, die Bruchdehnung und die Brucheinschnürung nehmen ab, während gleichzeitig Festigkeit und Streckgrenze ansteigen. Diese Vorgänge werden auf Ausscheidungen im Gefüge zurückgeführt und als Alterung bezeichnet. Diese Alterungsvorgänge werden durch eine Auslagerung bei höheren Temperaturen, insbesondere bei Temperaturen von 200 bis 300°C beschleunigt.

Es wurde untersucht, ob und wie weit das größte Ziehverhältnis im ersten Weiterschlag durch eine Auslagerung nach dem ersten Zug beeinflußt wird.

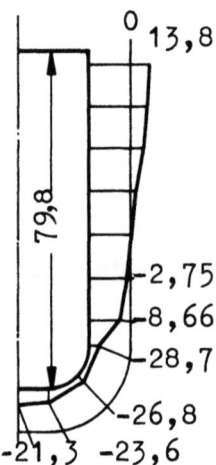

Abbildung 34

Wanddickenunterschiede in % eines mit engem Ziehspalt
im An- und Weiterschlag gezogenen Bechers

$\text{Ms } 63 \qquad w_B \approx 1,1 \text{ s}$

$D_o = 106 \text{ mm} \qquad d_2 = 34,3 \text{ mm}$

$s_o = 1,27 \text{ mm} \qquad r_s = 10 \text{ mm}$

$d_1 = 45,7 \text{ mm} \qquad r_M = 6,3 \text{ mm}$

$d_M = 49,3 \text{ mm} \qquad w_B \approx 1,1 \text{ s}$

$r_s = 10 \text{ mm} \qquad 2\alpha = 90°$

$r_M = 10 \text{ mm}$

Zu diesem Zweck wurden Ronden aus St VIII 23 im Anschlag gezogen und vor dem Ziehen im Weiterschlag bis zu 72 Stunden bei Raumtemperatur ausgelagert. Die Werkzeugabmessungen und Rondendurchmesser sind der Tabelle 8 zu entnehmen. Die Ronden wurden für die Versuche durch Ausstechen aus quadratischen Zuschnitten hergestellt. Mit der gewählten Werkzeugkombination konnten im Weiterschlag bei null Stunden Auslagerungszeit Ausgangs-Rondendurchmesser bis 86 mm gezogen werden; Bodenreißer traten im Weiterschlag bei dieser Auslagerungszeit bei 88 mm Rondendurchmesser auf, bei einer Staffelung der Rondendurchmesser um 2 mm.

Bis 72 Stunden Auslagerungszeit wurde kein Alterungseinfluß auf das Weiterschlag-Ziehverhältnis festgestellt. Durch diese Auslagerungszeit wurde die größte Stempelkraft im Weiterschlag und das Verhältnis von Anschlag- zu Weiterschlag-Stempelkraft nur gering beeinflußt.

Forschungsberichte des Wirtschafts- und Verkehrsministeriums Nordrhein-Westfalen

Tabelle 8

Ziehkräfte im Anschlag und Weiterschlag von St VIII 23 nach verschiedenen Auslagerungszeiten zwischen An- und Weiterschlag

$s_o = 0,9$ mm, $d_1 = 45,7$ mm ($r_S = 15$ mm)
$d_2 = 32$ mm ($r_S = 2,5$ mm) $2\alpha = 60°$

D_o mm			Auslagerungszeit in Stunden				
			0	1	6	24	72
82	P_{St_1}	kg	3620	3660	3630	3660	3630
	P_{St_2}	kg	3470	3630	3550	3690	3660
	P_{St_2}/P_{St_1}		0,958	0,993	0,997	1,01	1,01
84	P_{St_1}	kg	3820	3860	3860	3840	3870
	P_{St_2}	kg	3540	3590	3650	3770	3750
	P_{St_2}/P_{St_1}		0,927	0,931	0,946	0,983	0,969
86	P_{St_1}	kg	4040	4040	4100	4040	4060
	P_{St_2}		3630	3550	3720	3770	3790
	P_{St_2}/P_{St_1}		0,898	0,879	0,907	0,934	0,934

Durch die Alterung wird einerseits die Formänderungsfestigkeit in der Verformungszone und andererseits auch die Bodenreißfestigkeit an der Becherrundung erhöht; das Verhältnis dieser beiden Werte ist, wie E. SIEBEL[13]) zeigt, für das Ziehverhältnis im An- und Weiterschlag maßgebend. Dieses Verhältnis wird somit durch die Auslagerung bei Raumtemperatur und 72 Stunden Auslagerungszeit nicht verändert. Durch Tastversuche wurde auch bei wesentlich längerer Auslagerung bei Raumtemperatur noch kein Alterungseinfluß gefunden.

Bei Bechern aus gestanzten Ronden wurde nach 48 Stunden Auslagerungszeit eine Verschlechterung des Weiterschlag-Ziehverhältnisses festgestellt.

Forschungsberichte des Wirtschafts- und Verkehrsministeriums Nordrhein-Westfalen

Durch eine Erwärmung der Ronden in Seifenwasser auf annähernd 60°C wird das Weiterschlag-Ziehverhältnis ebenfalls erheblich vermindert.

Demnach ist bei scharfer Ausnutzung der Tiefzieheigenschaft der Bleche erforderlich, die Schnittkantenverfestigung durch gut schneidende Durchbrüche kleiner zu halten, ebenso muß die Auslagerungszeit im Seifenwasser und die Auslagerungszeit zwischen den Ziehvorgängen selbst möglichst klein und die Temperatur der Schmiermittellösungen möglichst nieder gehalten werden. Die Versuche ergaben, daß bei alterungsanfälligen Stahlblechen eine mit der Zugzahl fortschreitende (durch die Verformung bedingte) Erwärmung unerwünscht ist. Es wurde daher auch schon von anderer Seite früher vorgeschlagen, bei rasch hintereinander folgenden Zügen durch gekühlte Schmiermittellösungen einen Teil der Verformungswärme abzuziehen.

Durch eine künstliche Alterung bei Temperaturen zwischen 100 und 200°C kam es bereits im ersten Weiterschlag zu den schon früher erwähnten Einrissen in Richtung der Mantellinien; die geringe Aufweitung im letzten Stadium des Weiterschlags ist bei dem infolge der Alterung spröd gewordenen Werkstoffe schon im ersten Weiterschlag nicht mehr möglich. F. EISENKOLB[15] weist auf diese Rißbildung ebenfalls hin und schlägt vor, die Tiefziehbleche mit Hilfe des Näpfchenziehprüfverfahrens auf ihre Alterungsanfälligkeit zu prüfen.

Es scheint erforderlich, den Einfluß der Auslagerungszeit zwischen den einzelnen Zügen auch mit Stahltiefziehblechen geringerer Gütegruppen noch zu untersuchen.

Zusammenfassung

Mit einem in eine Universalwerkstoffprüfmaschine eingebauten Ziehprüfgerät wurde für verschiedene Werkstoffe beim Ziehen im Weiterschlag die Abhängigkeit der größten Stempelkräfte und der Bodenreißkräfte sowie der Grenzziehverhältnisse von der Werkzeugform und von den Werkzeugabmessungen untersucht. Daneben wurde noch die beim Ziehen eintretende Blechdickenänderung bestimmt und auf das Ziehen mit engem Ziehspalt zwischen Ring und Stempel eingegangen. Weiter wurde der Einfluß der Auslagerungszeit zwischen An- und Weiterschlag stichprobenweise untersucht. Vor diesen Versuchen wurden die Mindesthalterkräfte im An- und Weiterschlag ermittelt und die Blechdickengrenzen für das halterfreie bzw. faltenfreie

Ziehen im Weiterschlag bestimmt. Die Stempelkraft-Messungen wurden durch Stempelkraftberechnung ergänzt, bei guter Übereinstimmung zwischen Messung und Rechnung.

Beim Ziehen im Weiterschlag kommt es unterhalb bestimmter Blechdicken zu Falten entlang der Ziehringschräge, bzw. zu Falten zwischen Stempelrundung und Ziehring (Falten 1. bzw. Falten 2. Art). Die Faltenbildung 1. Art kann durch einen konischen Niederhalter unterdrückt werden. Die Grenzblechdicke des halterfreien Ziehens nimmt für die Faltenbildung 1. Art mit kleiner werdendem Ziehringwinkel ab. Die Faltenbildung 2. Art kann im wesentlichen nur durch eine Verkleinerung des Weiterschlag-Ziehverhältnisses vermieden werden. Die Grenzblechdicke für das faltenfreie Ziehen bei Faltenbildung 2. Art nimmt mit kleiner werdendem Ziehringwinkel zu. Innerhalb eines großen Blechdickenbereiches kann jedoch im Weiterschlag halterfrei gezogen werden.

Die größte Stempelkraft hängt beim Ziehen im Weiterschlag nur wenig vom Ausgangs-Rondendurchmesser und von der Ziehringform ab (d.h. vom Ziehringwinkel und der Ziehringrundung). Der geringe Einfluß von Rondendurchmesser und Ziehringform auf die größte Stempelkraft hat zur Folge, daß durch kleine Änderungen der Stempelkraft, hervorgerufen durch Änderung der Ziehringform, bereits große Änderungen im größten Ziehverhältnis entstehen. Aus demselben Grund ist auch eine kleine Änderung der Bodenreißfestigkeit, bedingt durch eine Änderung der Stempelrundung, von größerem Einfluß auf das größte Ziehverhältnis.

Die Versuche ergaben, daß ein großes Ziehverhältnis erreicht wird, wenn mit kleinen Ziehringwinkeln von $2\alpha = 45°$ gegenüber den vielfach üblichen Winkeln von $2\alpha = 90°$ und einer Stempelrundung von ungefähr dem 0,33-fachen des Stempeldurchmessers gezogen wird. Bei Ziehverhältnissen unter den höchstmöglichen wird durch diese Werkzeugformen die Sicherheit gegen Bodenreißer erhöht.

Bei Ziehringen mit zylindrischem Einlauf kann ein Aufweiten des Ziehteilrandes und die dadurch bedingte Erhöhung der größten Stempelkraft verhindert werden. Es ist noch zu untersuchen, ob und wie weit durch einen derartigen zylindrischen Einlauf auch bei kleinen Ziehringwinkeln noch eine Verbesserung des größten Ziehverhältnisses erreicht werden kann.

Beim Ziehen im An- und Weiterschlag wird bei einem oder mehreren hintereinanderfolgenden Weiterschlägen ein größtes Gesamtziehverhältnis dann erreicht, wenn mit großem Anschlagziehverhältnis begonnen und mit Weiterschlag-Ziehverhältnissen von etwa 1,4 weitergezogen wird.

Neben Bodenreißern treten im Weiterschlag bei größeren Gesamtziehverhältnissen noch andere Rißarten auf, entweder in dem am stärksten verformten Bereich am oberen Becherrand oder als Mantellinienrisse von diesem ausgehend. Die Rißgefahr in diesem Bereich wird durch die texturbedingte Zipfelbildung erhöht. Diese Risse entstehen dadurch, daß der bereits stark verformte Werkstoff zusätzliche Dehnungen beim Aufweiten des Becherrandes oder beim Biegen über die Ziehringrundung unter dem dort herrschenden Spannungszustand nicht mehr aufnehmen kann. Diese Risse lassen sich vermeiden, wenn das Weiterschlag-Ziehverhältnis verkleinert und gegebenenfalls durch Abstechen der Zipfel deren Kerbwirkung beseitigt wird. Bei mehr oder weniger großen Weiterschlag-Ziehverhältnissen werden bei verschiedenen Werkstoffen Gesamtziehverhältnisse von ungefähr 6.5 ohne Zwischenglühung fehlerfrei erreicht.

Bei diesen Gesamtziehverhältnissen wird infolge der Blechschwächung an der Stempelrundung und der Verdickung am oberen Becherrand dort etwa die doppelte Blechdicke wie an der Rundung erreicht. Durch Tastversuche wurde festgestellt, daß mindestens ohne Verschlechterung der im Anschlag und im ersten Weiterschlag erreichten Ziehverhältnisse mit kleineren Ziehspalten zwischen Ring und Stempel gearbeitet werden kann, um die Randverdickung wieder abzustrecken. Es soll in späteren Versuchen noch ermittelt werden, wie diese Randverdickung am besten beseitigt werden kann und welche größten Ziehverhältnisse dabei erreichbar sind.

Dr.-Ing. HELMUT B E I S S W Ä N G E R, Stuttgart
Dr.-Ing. SIEGFRIED S C H W A N D T, Trier

Literaturverzeichnis

1) Dissertation S. SCHWANDT

2) BEISSWÄNGER, H. — Warmziehen von Leichtmetallblechen, Mitt. Forschungsges. Blechverarb. (1950) Nr. 27 S. 2/5

3) BEISSWÄNGER, H. — Tiefziehen dünner Bleche mit konischen Ziehringen und mit Doppelzugwerkzeugen, Mitt. Forschungsges. Blechverarb. (1950) Nr. 30 S. 1/5

4) BEISSWÄNGER, H. — Halterfreies Ziehen mit konischen Ringen, Mitt. Forschungsges. Blechverarb. (1950) Nr. 33 S. 1/3

5) BEISSWÄNGER, H. — Der Einfluß der Ziehgeschwindigkeit auf das größtmögliche Ziehverhältnis im Anschlag, Mitt. Forschungsges. Blechverarb. (1951) Nr. 1 S. 10/12

6) SIEBEL, E. — Die Formgebung im bildsamen Zustand, Düsseldorf 1932

7) SIEBEL, E. — Anwendung der Hencky'schen Sätze..., Ing.-Archiv (1948) S. 164/72

8) HERRMANN, L. und G. SACHS — Metallwirtschaft (1934) S. 687/92 und 705/10

9) OEHLER, G. — Auswahl geeigneter Tiefziehprüfverfahren unter Beachtung der Form des Ziehteils, Mitt. Forschungsges. Blechverarb. (1950) Nr. 17 S. 1/5

10) BEISSWÄNGER, H. — Das Näpfchenprüfverfahren zur Bestimmung der Tiefzieheigenschaften von Blech und Bändern. Ein Normvorschlag im Vergleich mit anderen Tiefziehprüfverfahren, Mitt. Forschungsges. Blechverarb. (1952) S. 201/222

11) BEISSWÄNGER, H. — Tiefziehen dünner Bleche mit Sonderwerkzeugen, Metallkunde (1949) S. 101/15

12) SACHS, G. — Spanlose Formung der Metalle, Sonderheft XVI der deutschen Materialprüfungsanstalten, Berlin 1931

13) SIEBEL, E. — Grenzen der Verformbarkeit, Mitt. Forschungsges. Blechverarb. (1952) S. 177/184

14) Schuler-Taschenbuch, 3. Auflage, 1937

15) EISENKOLB, F. — Das Prüfen von Feinblechen, Stanzerei-Schriften, Folge 5, München 1949

Mitt. Forschungsgesellschaft Blechverarbeitung 1953 Nr. 2/3

FORSCHUNGSBERICHTE DES WIRTSCHAFTS- UND VERKEHRSMINISTERIUMS NORDRHEIN-WESTFALEN

Herausgegeben von Staatssekretär Prof. Leo Brandt

Heft 1:
Prof. Dr.-Ing. Eugen Flegler, Aachen
Untersuchungen oxydischer Ferromagnet-Werkstoffe

Heft 2:
Prof. Dr. phil. Walter Fuchs, Aachen
Untersuchungen über absatzfreie Teeröle

Heft 3:
Techn.-Wissenschaftl. Büro für die Bastfaserindustrie, Bielefeld
Untersuchungsarbeiten zur Verbesserung des Leinenwebstuhls

Heft 4:
Prof. Dr. E. A. Müller u. Dipl.-Ing. H. Spitzer, Dortmund
Untersuchungen über die Hitzebelastung in Hüttenbetrieben

Heft 5:
Dipl.-Ing. Werner Fister, Aachen
Prüfstand der Turbinenuntersuchungen

Heft 6:
Prof. Dr. phil. Walter Fuchs, Aachen
Untersuchungen über die Zusammensetzung und Verwendbarkeit von Schwelteerfraktionen

Heft 7:
Prof. Dr. phil. Walter Fuchs, Aachen
Untersuchungen über emsländisches Petrolatum

Heft 8:
Maria Elisabeth Meffert und Heinz Stratmann, Essen
Algen-Großkulturen im Sommer 1951

Heft 9:
Techn.-Wissenschaftl. Büro für die Bastfaserindustrie, Bielefeld
Untersuchungen über die zweckmäßige Wicklungsart von Leinengarnkreuzspulen unter Berücksichtigung der Anwendung hoher Geschwindigkeiten des Garnes
Vorversuche für Zetteln und Schären von Leinengarnen auf Hochleistungsmaschinen

Heft 10:
Prof. Dr. Wilhelm Vogel, Köln
„Das Streifenpaar" als neues System zur mechanischen Vergrößerung kleiner Verschiebungen und seine technischen Anwendungsmöglichkeiten

Heft 11:
Laboratorium für Werkzeugmaschinen und Betriebslehre, Technische Hochschule Aachen
1. Untersuchungen über Metallbearbeitung im Frässvorgang mit Hartmetallwerkzeugen und negativem Spanwinkel
2. Weiterentwicklung des Schleifverfahrens für die Herstellung von Präzisionswerkstücken unter Vermeidung hoher Temperaturen
3. Untersuchung von Oberflächenveredlungsverfahren zur Steigerung der Belastbarkeit hochbeanspruchter Bauteile

Heft 12:
Elektrowärme-Institut, Langenberg (Rhld.)
Induktive Erwärmung mit Netzfrequenz

Heft 13:
Techn.-Wissenschaftl. Büro für die Bastfaserindustrie, Bielefeld
Das Naßspinnen von Bastfasergarnen mit chemischen Zusätzen zum Spinnbad

Heft 14:
Forschungsstelle für Acetylen, Dortmund
Untersuchungen über Aceton als Lösungsmittel für Acetylen

Heft 15:
Wäschereiforschung Krefeld
Trocknen von Wäschestoffen

Heft 16:
Max-Planck-Institut für Kohlenforschung, Mülheim a. d. Ruhr
Arbeiten des MPI für Kohlenforschung

Heft 17:
Ingenieurbüro Herbert Stein, M. Gladbach
Untersuchung der Verzugsvorgänge in den Streckwerken verschiedener Spinnereimaschinen. 1. Bericht: Vergleichende Prüfung mit verschiedenen Dickenmeßgeräten

Heft 18:
Wäschereiforschung Krefeld
Grundlagen zur Erfassung der chemischen Schädigung beim Waschen

Heft 19:
Techn.-Wissenschaftl. Büro für die Bastfaserindustrie, Bielefeld
Die Auswirkung des Schlichtens von Leinengarnketten auf den Verarbeitungswirkungsgrad, sowie die Festigkeits- und Dehnungsverhältnisse der Garne und Gewebe

Heft 20:
Techn.-Wissenschaftl. Büro für die Bastfaserindustrie, Bielefeld
Trocknung von Leinengarnen I
Vorgang und Einwirkung auf die Garnqualität

Heft 21:
Techn.-Wissenschaftl. Büro für die Bastfaserindustrie, Bielefeld
Trocknung von Leinengarnen II
Spulenanordnung und Luftführung beim Trocknen von Kreuzspulen

Heft 22:
Techn.-Wissenschaftl. Büro für die Bastfaserindustrie, Bielefeld
Die Reparaturanfälligkeit von Webstühlen

Heft 23:
Institut für Starkstromtechnik, Aachen
Rechnerische und experimentelle Untersuchungen zur Kenntnis der Metadyne als Umformer von konstanter Spannung auf konstanten Strom

Heft 24:
Institut für Starkstromtechnik, Aachen
Vergleich verschiedener Generator-Metadyne-Schaltungen in bezug auf statisches Verhalten

Heft 25:
Gesellschaft für Kohlentechnik mbH., Dortmund-Eving
Struktur der Steinkohlen und Steinkohlen-Kokse

Heft 26:
Techn.-Wissenschaftl. Büro für die Bastfaserindustrie, Bielefeld
Vergleichende Untersuchungen zweier neuzeitlicher Ungleichmäßigkeitsprüfer für Bänder und Garne hinsichtlich Ihrer Eignung für die Bastfaserspinnerei

Heft 27:
Prof. Dr. E. Schratz, Münster
Untersuchungen zur Rentabilität des Arzneipflanzenanbaues
Römische Kamille, Anthemis nobilis L.

Heft: 28:
Prof. Dr. E. Schratz, Münster
Calendula officinalis L.
Studien zur Ernährung, Blütenfüllung und Rentabilität der Drogengewinnung

Heft 29:
Techn.-Wissenschaftl. Büro für die Bastfaserindustrie, Bielefeld
Die Ausnützung der Leinengarne in Geweben

Heft 30:
Gesellschaft für Kohlentechnik mbH., Dortmund-Eving
Kombinierte Entaschung und Verschwelung von Steinkohle; Aufarbeitung von Steinkohlenschlämmen zu verkokbarer oder verschwelbarer Kohle

Heft 31:
Dipl.-Ing. Störmann, Essen
Messung des Leistungsbedarfs von Doppelsteg-Kettenförderern

Heft 32:
Techn.-Wissenschaftl. Büro für die Bastfaserindustrie, Bielefeld
Der Einfluß der Natriumchloridbleiche auf Qualität und Verwebbarkeit von Leinengarnen und die Eigenschaften der Leinengewebe unter besonderer Berücksichtigung des Einsatzes von Schützen- und Spulenwechselautomaten in der Leinenweberei

Heft 33:
Kohlenstoffbiologische Forschungsstation e. V.
Eine Methode zur Bestimmung von Schwefeldioxyd und Schwefelwasserstoff in Rauchgasen und in der Atmosphäre

Heft 34:
Textilforschungsanstalt Krefeld
Quellungs- und Entquellungsvorgänge bei Faserstoffen

Heft 35:
Professor Dr. Wilhelm Kast, Krefeld
Feinstrukturuntersuchungen an künstlichen Zellulosefasern verschiedener Herstellungsverfahren

Heft 36:
Forschungsinstitut der feuerfesten Industrie, Bonn
Untersuchungen über die Trocknung von Rohton.
Untersuchungen über die chemische Reinigung von Silika- und Schamotte-Rohstoffen mit chlorhaltigen Gasen

Heft 37:
Forschungsinstitut der feuerfesten Industrie, Bonn
Untersuchungen über den Einfluß der Probenvorbereitung auf die Kaltdruckfestigkeit feuerfester Steine

Heft 38:
Forschungsstelle für Acetylen, Dortmund
Untersuchungen über die Trocknung von Acetylen zur Herstellung von Dissousgas

Heft 39:
Forschungsgesellschaft Blechverarbeitung e. V., Düsseldorf
Untersuchungen an prägegemusterten und vorgelochten Blechen

Heft 40:
Landesgeologe Dr.-Ing. W. Wolff, Amt für Bodenforschung, Krefeld
Untersuchungen über die Anwendbarkeit geophysikalischer Verfahren zur Untersuchung von Spateisengängen im Siegerland

Heft 41:
Techn.-Wissenschaftl. Büro für die Bastfaserindustrie, Bielefeld
Untersuchungsarbeiten zur Verbesserung des Leinenwebstuhles II

Heft 42:
Professor Dr. Burckhardt Helferich, Bonn
Untersuchungen über Wirkstoffe — Fermente — in der Kartoffel und die Möglichkeit ihrer Verwendung

Heft 43:
Forschungsgesellschaft Blechverarbeitung e. V., Düsseldorf
Forschungsergebnisse über das Beizen von Blechen

Heft 44:
Arbeitsgemeinschaft für praktische Dehnungsmessung, Düsseldorf
Eigenschaften und Anwendungen von Dehnungsmeßstreifen

Heft 45:
Losenhausenwerk Düsseldorfer Maschinenbau AG., Düsseldorf
Untersuchungen von störenden Einflüssen auf die Lastgrenzenanzeige von Dauerschwingprüfmaschinen

Heft 46:
Professor Dr. phil. W. Fuchs, Aachen
Untersuchungen über die Aufbereitung von Wasser für die Dampferzeugung in Benson-Kesseln

Heft 47:
Prof. Dr.-Ing. habil. Karl Krekeler, Aachen
Versuche über die Anwendung der induktiven Erwärmung zum Sintern von hochschmelzenden Metallen sowie zur Anlegierung und Vergütung von aufgespritzten Metallschichten mit dem Grundwerkstoff.

Heft 48:
Max-Planck-Institut für Eisenforschung, Düsseldorf
Spektrochemische Analyse der Gefügebestandteile in Stählen nach ihrer Isolierung

Heft 49:
Max-Planck-Institut für Eisenforschung, Düsseldorf
Untersuchungen über Ablauf der Desoxydation und die Bildung von Einschlüssen in Stählen

Heft 50:
Max-Planck-Institut für Eisenforschung, Düsseldorf
Flammenspektralanalytische Untersuchung der Ferritzusammensetzung in Stählen

Heft 51:
Verein zur Förderung von Forschungs- und Entwicklungsarbeiten in der Werkzeugindustrie e. V., Remscheid
Untersuchungen an Kreissägeblättern für Holz, Fehler- und Spannungsprüfverfahren

Heft 52:
Forschungsstelle für Azetylen, Dortmund
Untersuchungen über den Umsatz bei der explosiblen Zersetzung von Azetylen
  a) Zersetzung von gasförmigem Azetylen,
  b) Zersetzung von an Silikagel adsorbiertem Azetylen

Heft 53:
Professor Dr.-Ing. H. Opitz, Aachen
Reibwert- und Verschleißmessungen an Kunststoffgleitführungen für Werkzeugmaschinen

Heft 54:
Professor Dr.-Ing. habil. F. A. F. Schmidt, Aachen
Schaffung von Grundlagen für die Erhöhung der spez. Leistung und Herabsetzung des spez. Brennstoffverbrauches bei Ottomotoren mit Teilbericht über Arbeiten an einem neuen Einspritzverfahren

Heft 55:
Forschungsgesellschaft Blechverarbeitung, Düsseldorf
Chemisches Glänzen von Messing und Neusilber

Heft 56:
Forschungsgesellschaft Blechverarbeitung, Düsseldorf
Untersuchungen über einige Probleme der Behandlung von Blechoberflächen

Heft 57:
Prof. Dr.-Ing. habil. F. A. F. Schmidt, Aachen
Untersuchungen zur Erforschung des Einflusses des chemischen Aufbaues des Kraftstoffes auf sein Verhalten im Motor und in Brennkammern von Gasturbinen.

Heft 58:
Gesellschaft für Kohlentechnik m. b. H., Dortmund
Herstellung und Untersuchung von Steinkohlenschwelteer.

Heft 59:
Forschungsinstitut der Feuerfest-Industrie, Bonn
Ein Schnellanalysenverfahren zur Bestimmung von Aluminiumoxyd, Eisenoxyd und Titanoxyd in feuerfestem Material mittels organischer Farbreagenzien auf photometrischem Wege
Untersuchungen des Alkali-Gehaltes feuerfester Stoffe mit dem Flammenphotometer nach Riehm-Lange

Heft 60:
Forschungsgesellschaft Blechverarbeitung e. V., Düsseldorf
Untersuchungen über das Spritzlackieren im elektrostatischen Hochspannungsfeld

Heft 61:
Verein zur Förderung von Forschungs- und Entwicklungsarbeiten in der Werkzeugindustrie e. V., Remscheid
Schwingungs- und Arbeitsverhalten von Kreissägeblättern für Holz

Heft 62:
Professor Dr. W. Franz, Institut für theoretische Physik der Universität Münster
Berechnung des elektrischen Durchschlags durch feste und flüssige Isolatoren

Heft 63:
Textilforschungsanstalt Krefeld
Neue Methoden zur Untersuchung der Wirkungsweise von Textilhilfsmitteln
Untersuchungen über Schlichtungs- und Entschlichtungsvorgänge

Heft 64:
Textilforschungsanstalt Krefeld
Die Kettenlängenverteilung von hochpolymeren Faserstoffen
Über die fraktionierte Fällung von Polyamiden

Heft 65:
Fachverband Schneidwarenindustrie, Solingen
Untersuchungen über das elektrolytische Polieren von Tafelmesserklingen aus rostfreiem Stahl

Heft 66:
Dr.-Ing. Peter Füsgen VDI †, Düsseldorf
Untersuchungen über das Auftreten des Ratterns bei selbsthemmenden Schneckengetrieben und seine Verhütung

Heft 67:
Heinrich Wösthoff o. H. G., Apparatebau, Bochum
Entwicklung einer chemisch-physikalischen Apparatur zur Bestimmung kleinster Kohlenoxyd-Konzentrationen

Heft 68:
Kohlenstoffbiologische Forschungsstation e. V., Essen
Algengroßkulturen im Sommer 1952
II. Über die unsterile Großkultur von Scenedesmus obliquus

Heft 69:
Wäschereiforschung Krefeld
Bestimmung des Faserabbaues bei Leinen unter besonderer Berücksichtigung der Leinengarnbleiche

Heft 70:
Wäschereiforschung Krefeld
Trocknen von Wäschestoffen

Heft 71:
Prof. Dr.-Ing. K. Leist, Aachen
Kleingasturbinen, insbesondere zum Fahrzeugantrieb

Heft 72:
Prof. Dr.-Ing. K. Leist, Aachen
Beitrag zur Untersuchung von stehenden geraden Turbinengittern mit Hilfe von Druckverteilungsmessungen

Heft 73:
Prof. Dr.-Ing. K. Leist, Aachen
Spannungsoptische Untersuchungen von Turbinenschaufelfüßen

Heft 74:
Max-Planck-Institut für Eisenforschung, Düsseldorf
Versuche zur Klärung des Umwandlungsverhaltens eines sonderkarbidbildenden Chromstahls

Heft 75:
Max-Planck-Institut für Eisenforschung, Düsseldorf
Zeit-Temperatur-Umwandlungs-Schaubilder als Grundlage der Wärmebehandlung der Stähle

Heft 76:
Max-Planck-Institut für Arbeitsphysiologie, Dortmund
Arbeitstechnische und arbeitsphysiologische Rationalisierung von Mauersteinen

Heft 77:
Meteor Apparatebau Paul Schmeck G. m. b. H., Siegen
Entwicklung von Leuchtstoffröhren hoher Leistung

Heft 78:
Forschungsstelle für Acetylen, Dortmund
Über die Zustandsgleichung des gasförmigen Acetylens und das Gleichgewicht Acetylen—Aceton

Heft 79:
Techn.-Wissenschaftl. Büro für die Bastfaserindustrie, Bielefeld
Trocknung von Leinengarnen III
Spinnspulen- und Spinnkopstrocknung
Vorgang und Einwirkung auf die Garnqualität

Heft 80:
Techn.-Wissenschaftl. Büro für die Bastfaserindustrie, Bielefeld
Die Verarbeitung von Leinengarn auf Webstühlen mit und ohne Oberbau

Heft 81:
Prüf- und Forschungsinstitut für Ziegeleierzeugnisse, Essen-Kray
Die Einführung des großformatigen Einheits-Gitterziegels im Lande Nordrhein-Westfalen

Heft 82:
Vereinigte Aluminium-Werke AG., Bonn
Forschungsarbeiten auf dem Gebiet der Veredelung von Aluminium-Oberflächen

Heft 83:
Prof. Dr. S. Strugger, Münster
Über die Struktur der Proplastiden

Heft 84:
Dr. med. habil., Dr. phil. H. Baron, Düsseldorf
Über Standardisierung von Wundtextilien

Heft 85:
Textilforschungsanstalt Krefeld
Physikalische Untersuchungen an Fasern, Fäden, Garnen und Geweben:
Untersuchungen am Knickscheuergerät nach Weltzien

Heft 86:
Professor Dr.-Ing. H. Opitz, Aachen
Untersuchungen über das Fräsen von Baustahl sowie über den Einfluß des Gefüges auf die Zerspanbarkeit

Heft 87:
Gemeinschaftsausschuß Verzinken, Düsseldorf
Untersuchungen über Güte von Verzinkungen

Heft 88:
Gesellschaft für Kohlentechnik mbH., Dortmund-Eving
Oxydation von Steinkohle mit Salpetersäure

Heft 89:
Verein Deutscher Ingenieure, Gleitlagerforschung, Düsseldorf und Prof. Dr.-Ing. G. Vogelpohl, Göttingen
Versuche mit Preßstoff-Lagern für Walzwerke

Heft 90:
Forschungs-Institut der Feuerfest-Industrie, Bonn
Das Verhalten von Silikasteinen im Siemens-Martin-Ofengewölbe

Heft 91:
Forschungs-Institut der Feuerfest-Industrie, Bonn
Untersuchungen des Zusammenhangs zwischen Leistung und Kohlenverbrauch von Kammeröfen zum Brennen von feuerfesten Materialien

Heft 92:
Techn.-Wissenschaftl. Büro für die Bastfaserindustrie, Bielefeld und Laboratorium für textile Meßtechnik, M.-Gladbach
Messungen von Vorgängen am Webstuhl

Heft 93.
Prof. Dr. W. Kast, Krefeld
Spinnversuche zur Strukturerfassung künstlicher Zellulosefasern

Heft 94:
Prof. Dr. phil. habil. G. Winter, Bonn
Die Heilpflanzen des MATTHIOLUS (1611) gegen Infektionen der Harnwege und Verunreinigung der Wunden bzw. zur Förderung der Wundheilung im Lichte der Antibiotikaforschung

Heft 95:
Prof. Dr. phil. habil. G. Winter, Bonn
Untersuchungen über die flüchtigen Antibiotika aus der Kapuziner- (Tropaeolum maius) und Gartenkresse (Lepidium sativum) und ihr Verhalten im menschlichen Körper bei Aufnahme von Kapuziner- bzw. Gartenkressensalat per os

Heft 96:
Dr.-Ing. P. Koch, Dortmund
Austritt von Exoelektronen aus Metalloberflächen unter Berücksichtigung der Verwendung des Effektes für die Materialprüfung

Heft 97:
Ing. H. Stein, M.-Gladbach
Laboratorium für textile Meßtechnik
Untersuchung der Verzugsvorgänge an den Streckwerken verschiedener Spinnereimaschinen
2. Bericht: Ermittlung der Haft-Gleiteigenschaften von Faserbändern und Vorgarnen

Heft 98:
Fachverband Gesenkschmieden, Hagen
Die Arbeitsgenauigkeit beim Gesenkschmieden unter Hämmern

Heft 99:
Prof. Dr.-Ing. G. Garbotz, Aachen
Der Kraft- und Arbeitsaufwand sowie die Leistungen beim Biegen von Bewehrungsstählen in Abhängigkeit von den Abmessungen, den Formen und der Güte der Stähle (Ermittlung von Leistungsrichtlinien)

Heft 100:
Prof. Dr.-Ing. H. Opitz, Aachen
Untersuchungen von elektrischen Antrieben, Steuerungen und Regelungen an Werkzeugmaschinen

Heft 101:
Prof. Dr.-Ing. H. Opitz, Aachen
Wirtschaftlichkeitsbetrachtungen beim Außenrundschleifen

Heft 102:
Dr. phil. habil. P. Hölemann, Ing. R. Hasselmann und Ing. G. Dix, Dortmund
Untersuchungen über die thermische Zündung von explosiblen Azetylenzersetzungen in Kapillaren

Heft 103:
Prof. Dr. phil. W. Weizel, Bonn
Durchführung von experimentellen Untersuchungen über den zeitlichen Ablauf von Funken in komprimierten Edelgasen sowie zu deren mathematischen Berechnung

Heft 104:
Prof. Dr. phil. W. Weizel, Bonn
Über den Einfluß der Elektroden auf die Eigenschaften von Cadmium-Sulfid-Widerstands-Photozellen

Heft 105:
Dr.-Ing. R. Meldau, Harsewinkel/Westf.
Auswertung von Gekörn – Analysen des Musterstaubes „Flugasche Fortuna I"

Heft 106:
ORR. Dr.-Ing. W. Küch, Dortmund
Untersuchungen über die Einwirkung von feuchtigkeitsgesättigter Luft auf die Festigkeit von Leimverbindungen

Heft 107:
Prof. Dr. phil. H. Lange, Köln
Über die Konstruktion von Laboratoriumsmagneten

Heft 108:
Prof. Dr. phil. W. Fuchs, Aachen
Untersuchungen über neue Beizmethoden und Beizabwässer
I. Die Entzunderung von Drähten mit Natriumhydrid
II. Die Aufbereitung von Beizabwässern

Heft 109:
Dr. phil. habil. P. Hölemann und Ing. R. Hasselmann, Dortmund
Untersuchungen über die Löslichkeit von Azetylen in verschiedenen organischen Lösungsmitteln

Heft 110:
Dr. phil. habil. P. Hölemann und Ing. R. Hasselmann, Dortmund
Untersuchungen über den Druckverlauf bei der explosiblen Zersetzung von gasförmigem Azetylen

Heft 111:
Fachverband Steinzeugindustrie, Köln
Die Entwicklung eines Gerätes zur Beschickung seitlicher Feuer von Steinzeug-Einzelkammeröfen mit festen Brennstoffen

Heft 112:
Prof. Dr.-Ing. H. Opitz, Aachen
Verschleißmessungen beim Drehen mit aktivierten Hartmetallwerkzeugen

Heft 113:
Prof. Dr. med. O. Graf, Dortmund
Erforschung der geistigen Ermüdung und nervösen Belastung: Studien über die vegetative 24-Stunden-Rhythmik in Ruhe und unter Belastung

Heft 114:
Prof. Dr. med. O. Graf, Dortmund
Studien über Fließarbeitsprobleme an einer praxisnahen Experimentieranlage

Heft 115:
Prof. Dr. med. O. Graf, Dortmund
Studium über Arbeitspausen in Betrieben bei freier und zeitgebundener Arbeit (Fließarbeit) und ihre Auswirkung auf die Leistungsfähigkeit

Heft 116:
Prof. Dr.-Ing. E. Siebel und Dr.-Ing. H. Weise, Stuttgart
Untersuchungen an einigen Problemen des Tiefziehens – I. Teil

Heft 117:
Dr.-Ing. H. Beißwänger, Stuttgart, und Dr.-Ing. S. Schwandt, Trier
Untersuchungen an einigen Problemen des Tiefziehens – II. Teil

Heft 118:
Prof. Dr. med. E. A. Müller und Dr. med. H. G. Wenzel, Dortmund
Neuartige Klima-Anlage zur Erzeugung ungleicher Luft- und Strahlungstemperaturen in einem Versuchsraum

Heft 119:
Dr.-Ing. O. Viertel, Krefeld
Wäscherei- und energietechnische Untersuchung einer Gemeinschafts-Waschanlage

Heft 120:
Dipl.-Ing. Weisbecker, Lüdenscheid
Über Anfressung an Reinstaluminium-Schweißnähten bei der elektrolytischen Oxydation
Gebr. Hörstermann GmbH., Velbert
Entwicklung und Erprobung eines neuartigen Gummibandförderers

Heft 121:
Dr. rer. nat. H. Krebs, Bonn
I. Die Struktur und die Eigenschaften der Halbmetalle
II. Die Bestimmung der Atomverteilung in amorphen Substanzen
III. Die chemische Bindung in anorganischen Festkörpern und das Entstehen metallischer Eigenschaften

Heft 122:
Prof. Dr. phil. W. Fuchs, Aachen
Untersuchungen zur Verbesserung der Wasseraufbereitung und Wasseranalyse:
Über die Schnellbewertung von Ionenaustauscher

Heft 123:
Dipl.-Ing. J. Emondts, Aachen
Über Bodenverformungen bei stark gestörtem und mächtigem, wasserführendem Deckgebirge im Aachener Steinkohlengebiet

Heft 124:
Prof. Dr. R. Seÿffert, Köln
Wege und Kosten der Distribution der Hausratwaren im Lande Nordrhein-Westfalen

Heft 125:
Prof. Dr. phil. E. Kappler, Münster
Eine neue Methode zur Bestimmung von Kondensations-Koeffizienten von Wasser

Heft 126:
Prof. Dr.-Ing. habil. J. Mathieu, Aachen
Arbeitszeitvergleich
Grundlagen, Methodik und praktische Durchführung

Heft 127:
Güteschutz Betonstein e.V.,
Arbeitskreis Nordrhein-Westfalen, Dortmund
Die Betonwaren-Gütesicherung im
Lande Nordrhein-Westfalen

Heft 128:
Prof. Dr. phil. O. Schmitz-DuMont, Bonn
Untersuchungen über Reaktionen in flüssigem Ammoniak

Heft 129:
Prof. Dr.-Ing. habil. J. Mathieu, Aachen
Dr. phil. C. A. Roos, Aachen
Die Anlernung von Industriearbeitern
I. Ergebnisse einer grundsätzlichen Untersuchung der gegenwärtigen Industriearbeiter-Kurzanlernung

Heft 130:
Prof. Dr.-Ing. habil. J. Mathieu, Aachen
Dr. phil. C. A. Roos, Aachen
Die Anlernung von Industriearbeitern
II. Beiträge zur Methodenfrage der Kurzanlernung

Heft 131:
Dr. rer. nat. W. Hoerburger, Köln
Versuche zur Biosynthese von Eiweiß aus Kohlenwasserstoff

Heft 132:
Prof. Dr. phil. nat. W. Seith, Münster
Über Diffusionserscheinungen in festen Metallen

Heft 133:
Prof. Dr. phil. E. Jenckel, Aachen
Über einen für Schwermetalle selektiven
Ionenaustauscher

Heft 134:
Prof. Dr.-Ing. H. Winterhager
Über die elektrochemischen Grundlagen
der Schmelzfluß-Elektrolyse von Bleisulfid
in geschmolzenen Mischungen mit Bleichlorid

Heft 135:
Prof. Dr.-Ing. habil. K. Krekeler, Aachen
Dr.-Ing. H. Peukert, Aachen
Die Änderung der mechanischen Eigenschaften
thermoplastischer Kunststoffe durch Warmrecken

Heft 136:
Dipl. phys. P. Pilz, Remscheid
Über spezielle Probleme der Zerkleinerungstechnik
von Weichstoffen

Heft 137:
Prof. Dr. rer. nat. habil. W. Baumeister, Münster
Beiträge zur Mineralstoffernährung der Pflanzen

Heft 138:
Dr. phil. habil. P. Hölemann, Dortmund
Ing. R. Hasselmann, Dortmund
Untersuchungen über die Zersetzungswärme von
gasförmigem und in Azeton gelöstem Azetylen

VERÖFFENTLICHUNGEN DER ARBEITSGEMEINSCHAFT FÜR FORSCHUNG DES LANDES NORDRHEIN-WESTFALEN

Im Auftrage des Ministerpräsidenten Karl Arnold

Herausgegeben von Staatssekretär Prof. Leo Brandt

Heft 1:
Prof. Dr.-Ing. Friedrich Seewald, Technische Hochschule Aachen
Neue Entwicklungen auf dem Gebiete der Antriebsmaschinen
Prof. Dr.-Ing. Friedrich A. F. Schmidt, Technische Hochschule Aachen
Technischer Stand und Zukunftsaussichten der Verbrennungsmaschinen, insbesondere der Gasturbinen
Dr.-Ing. R. Friedrich, Siemens-Schuckert-Werke A.-G., Mülheimer Werk
Möglichkeiten und Voraussetzungen der industriellen Verwertung der Gasturbine

Heft 2:
Prof. Dr.-Ing. Wolfgang Riezler, Universität Bonn
Probleme der Kernphysik
Prof. Dr. phil. Fritz Micheel, Universität Münster,
Isotope als Forschungsmittel in der Chemie und Biochemie

Heft 3:
Prof. Dr. med. Emil Lehnartz, Universität Münster
Der Chemismus der Muskelmaschine
Prof. Dr. med. Gunther Lehmann, Direktor des Max-Planck-Instituts für Arbeitsphysiologie, Dortmund
Physiologische Forschung als Voraussetzung der Bestgestaltung der menschlichen Arbeit
Prof. Dr. Heinrich Kraut, Max-Planck-Institut für Arbeitsphysiologie, Dortmund
Ernährung und Leistungsfähigkeit

Heft 4:
Prof. Dr. Franz Wever, Max-Planck-Institut für Eisenforschung, Düsseldorf
Aufgaben der Eisenforschung
Prof. Dr.-Ing. Hermann Schenck, Technische Hochschule Aachen
Entwicklungslinien des deutschen Eisenhüttenwesens
Prof. Dr.-Ing. Max Haas, Techn. Hochschule Aachen
Wirtschaftliche und technische Bedeutung der Leichtmetalle und ihre Entwicklungsmöglichkeiten

Heft 5:
Prof. Dr. med. Walter Kikuth, Medizinische Akademie Düsseldorf
Virusforschung
Prof. Dr. Rolf Danneel, Universität Bonn
Fortschritte der Krebsforschung
Prof. Dr. med. Dr. phil. W. Schulemann, Univ. Bonn
Wirtschaftliche und organisatorische Gesichtspunkte für die Verbesserung unserer Hochschulforschung

Heft 6:
Prof. Dr. Walter Weizel, Institut für theoretische Physik, Bonn
Die gegenwärtige Situation der Grundlagenforschung in der Physik
Prof. Dr. Siegfried Strugger, Universität Münster
Das Duplikantenproblem in der Biologie
Prof. Dr. Rolf Danneel, Universität Bonn
Über das Verhalten der Mitochondrien bei der Mitose der Mesenchymzellen des Hühner-Embryos
Direktor Dr. Fritz Gummert, Ruhrgas A.-G., Essen
Überlegungen zu den Faktoren Raum und Zeit im biologischen Geschehen und Möglichkeiten einer Nutzanwendung

Heft 7:
Prof. Dr.-Ing. August Götte, Technische Hochschule Aachen.
Steinkohle als Rohstoff und Energiequelle
Prof. Dr. e. h. Karl Ziegler, Max-Planck-Institut für Kohlenforschung Mülheim a. d. Ruhr
Über Arbeiten des Max-Planck-Instituts für Kohlenforschung

Heft 8:
Prof. Dr.-Ing. Wilhelm Fucks, Technische Hochschule Aachen
Die Naturwissenschaft, die Technik und der Mensch
Prof. Dr. sc. pol. Walther Hoffmann, Universität Münster
Wirtschaftliche und soziologische Probleme des technischen Fortschritts

Heft 9:
Prof. Dr.-Ing. Franz Bollenrath, Technische Hochschule Aachen
Zur Entwicklung warmfester Werkstoffe
Dr. Heinrich Kaiser, Staatl. Materialprüfungsamt Dortmund
Stand spektralanalytischer Prüfverfahren und Folgerung für deutsche Verhältnisse

Heft 10:
Prof. Dr. Hans Braun, Universität Bonn
Möglichkeiten und Grenzen der Resistenzzüchtung
Prof. Dr.-Ing. Carl Heinrich Dencker, Universität Bonn
Der Weg der Landwirtschaft von der Energieautarkie zur Fremdenergie

Heft 11:
Prof. Dr.-Ing. Herwart Opitz, Technische Hochschule Aachen
Entwicklungslinien der Fertigungstechnik in der Metallbearbeitung
Prof. Dr.-Ing. Karl Krekeler, Technische Hochschule Aachen
Stand und Aussichten der schweißtechnischen Fertigungsverfahren

Heft: 12
Dr. Hermann Rathert, Mitglied des Vorstandes der Vereinigten Glanzstoff-Fabriken A.-G., Wuppertal-Elberfeld
Entwicklung auf dem Gebiet der Chemiefaser-Herstellung
Prof. Dr. Wilhelm Weltzien, Direktor der Textilforschungsanstalt Krefeld
Rohstoff und Veredlung in der Textilwirtschaft

Heft: 13
Dr.-Ing. e. h. Karl Herz, Chefingenieur im Bundesministerium für das Post- und Fernmeldewesen Frankfurt a. Main
Die technischen Entwicklungstendenzen im elektrischen Nachrichtenwesen
Ministerialdirektor Dipl.-Ing. Leo Brandt, Düsseldorf
Navigation und Luftsicherung

Heft 14:
Prof. Dr. Burckhardt Helferich, Universität Bonn
Stand der Enzymchemie und ihre Bedeutung
Prof. Dr. med. Hugo W. Knipping, Direktor der Med. Universitätsklinik Köln
Ausschnitt aus der klinischen Carcinomforschung am Beispiel des Lungenkrebses

Heft 15:
Prof. Dr. Abraham Esau, Technische Hochschule Aachen
Die Bedeutung von Wellenimpulsverfahren in Technik und Natur
Prof. Dr.-Ing. Eugen Flegler, Technische Hochschule Aachen
Die ferromagnetischen Werkstoffe in der Elektrotechnik und ihre neueste Entwicklung

Heft 16:
Prof. Dr. rer. pol. Rudolf Seyffert, Universität Köln
Die Problematik der Distribution
Prof. Dr. rer. pol. Theodor Beste, Universität Köln
Der Leistungslohn

Heft 17:
Prof. Dr.-Ing. Friedrich Seewald, Technische Hochschule Aachen
Die Flugtechnik und ihre Bedeutung für den allgemeinen technischen Fortschritt
Prof. Dr.-Ing. Edouard Houdremont, Essen
Art und Organisation der Forschung in einem Industriekonzern

Heft 18:
Prof. Dr. med. Dr. phil. W. Schulemann, Universität Bonn
Theorie und Praxis pharmakologischer Forschung
Prof. Dr. Wilhelm Groth, Direktor des Physikalisch-Chemischen Instituts, Universität Bonn
Technische Verfahren zur Isotopentrennung

Heft 19:
Dipl.-Ing. Kurt Traenckner, Stellvertr. Vorstandsmitglied der Ruhrgas-A.G., Essen
Entwicklungstendenzen der Gaserzeugung

Heft 20:
M. Zvegintzov
Wissenschaftliche Forschung und die Auswertung ihrer Ergebnisse. Ziel und Tätigkeit der National Research Development Corporation
Dr. Alexander King, Department of Scientific & Industrial Research, London
Wissenschaft und internationale Beziehungen

Heft 21:
Prof. Dr. phil. Robert Schwarz, Aachen
Wesen und Bedeutung der Silicium-Chemie
Prof. Dr. Kurt Alder, Universität Köln
Fortschritte in der Synthese von Kohlenstoffverbindungen

Heft 21 a
Jahresfeier der Arbeitsgemeinschaft für Forschung des Landes Nordrhein-Westfalen am 21. 5. 1952 in Düsseldorf mit Ansprachen des Herrn Bundespräsidenten Professor Dr. Theodor Heuss, des Herrn Ministerpräsidenten Arnold, Frau Kultusminister Teusch, der Herren Professor Dr. Hahn, Professor Dr. Strugger, Vizepräsident Dobbert, Professor Dr. Richter, Professor Dr. Fucks.

Heft 22:
Prof. Dr. Johannes von Allesch, Universität Göttingen
Die Bedeutung der Psychologie im öffentlichen Leben
Prof. Dr. med. Otto Graf, Max-Planck-Institut für Arbeitsphysiologie, Dortmund
Triebfedern menschlicher Leistung

Heft 23:
Prof. Dr. phil. Dr. jur. h. c. Bruno Kuske, Universität Köln
Probleme der Raumforschung
Prof. Dr. Dr.-Ing. e. h. Prager
Städtebau und Landesplanung

Heft 24:
Prof. Dr. Rolf Danneel, Universität Bonn
Über die Wirkungsweise der Erbfaktoren
Prof. Dr. K. Herzog, Medizinische Akademie Düsseldorf
Bewegungsbedarf der menschlichen Gliedmaßengelenke bei der Berufsarbeit

Heft 25:
Prof. Dr. O. Haxel, Heidelberg
Energiegewinnung aus Kernprozessen
Dr. Dr. Max Wolf, Düsseldorf
Gegenwartsprobleme der energiewirtschaftlichen Forschung

Heft 26:
Prof. Dr. Friedrich Becker, Universität Bonn
Ultrakurzwellen aus dem Weltraum, ein neues Forschungsgebiet der Astronomie
Dozent Dr. H. Straßl, Bonn
Bemerkenswerte Doppelsterne und das Problem der Sternentwicklung

Heft 27:
Prof. Dr. Heinrich Behnke, Universität Münster
Der Strukturwandel der Mathematik in der ersten Hälfte des 20. Jahrhunderts
Prof. Dr. E. Sperner, Bonn
Eine mathematische Analyse der Luftdruckverteilungen in großen Gebieten

Heft 28:
Prof. Dr. O. Niemczyk, Aachen
Die Problematik gebirgsmechanischer Vorgänge im Steinkohlenbergbau
Prof. Dr. W. Ahrens, Krefeld
Die Bedeutung geologischer Forschung für die Wirtschaft, besonders in Nordrhein-Westfalen

Heft 29:
Prof. Dr. B. Rensch, Münster
Das Problem der Residuen bei Lernleistungen
Prof. Dr. H. Fink, Köln
Über Leberschäden bei der Bestimmung des biologischen Wertes verschiedener Eiweiße von Mikroorganismen

Heft 30:
Prof. Dr.-Ing. F. Seewald, Aachen
Forschungen auf dem Gebiete der Aerodynamik
Prof. Dr.-Ing. K. Leist, Aachen
Forschungen in der Gasturbinentechnik

Heft 31:
Direktor Dr. F. Mietzsch, Wuppertal
Chemie und wirtschaftliche Bedeutung der Sulfonamide
Prof. Dr. G. Domagk, Wuppertal
Die experimentellen Grundlagen der Chemotherapie der bakteriellen Infektionen

Heft 32:
Prof. Dr. Hans Braun, Universität Bonn
Die Verschleppung von Pflanzenkrankheiten und -schädlingen über die Welt
Prof. Dr. Wilhelm Rudorf, Max-Planck-Institut für Züchtungsforschung, Voldagsen
Der Beitrag von Genetik und Züchtung zur Bekämpfung von Viruskrankheiten der Nutzpflanzen

Heft 33:
Prof. Dr.-Ing. V. Aschoff, Aachen
Probleme der elektroakustischen Einkanalübertragung
Prof. Dr.-Ing. H. Döring, Aachen
Erzeugung und Verstärkung von Mikrowellen

Heft 34:
Geheimrat Prof. Dr. Rudolf Schenck, Aachen
Bedingungen und Gang der Kohlenhydratsynthese im Licht
Prof. Dr. Emil Lehnartz, Universität Münster
Die Endstufen des Stoffabbaus im Organismus

Heft 35:
Prof. Dr.-Ing. H. Schenk, Aachen
Gegenwartsprobleme der Eisenindustrie in Deutschland
Prof. Dr.-Ing. E. Piwowarsky, Aachen
Gelöste und ungelöste Probleme des Gießereiwesens

Heft 36:
Prof. Dr. W. Riezler, Bonn
Teilchenbeschleuniger
Prof. Dr. med. G. Schubert, Hamburg
Anwendung neuer Strahlenquellen in der Krebstherapie

Heft 37:
Prof. Dr. F. Lotze, Münster
Probleme der Gebirgsbildung
Bergwerksdirektor Bergassessor a. D. Rauschenbach, Essen
Die Erhaltung der Förderungskapazität des Ruhrbergbaues auf lange Sicht

Heft 38:
Dr. E. C. Cherry, D. Sc., A.M.I.E.E., London
Cybernetics
Prof. Dr. E. Pietsch, Clausthal-Zellerfeld
Dokumentation und mechanisches Gedächtnis — zur Frage der Ökonomie der geistigen Arbeit

Heft 39:
Dr. H. Haase, Hamburg
Infrarot und seine technischen Anwendungen
Prof. Dr. A. Esau, Aachen
Die Bedeutung des Ultraschalls für technische Anwendungsgebiete

Heft 40:
Bergassessor F. Lange, Bochum-Hordel
Die wissenschaftliche und soziale Bedeutung der Silikose im Bergbau
Prof. Dr. W. Kikuth, Düsseldorf
Die Entstehung der Silikose und ihre Verbreitungsmaßnahmen

Heft 40a:
Prof. Dr. E. Groß, Bonn
Berufskrebs und Krebsforschung
Prof. Dr. H. W. Knipping, Köln
Die Situation der Krebsforschung vom Standpunkt der Klinik und des praktischen Arztes

Heft 41:
Dr.-Ing. G. V. Lachmann, Teddington
An einer neuen Entwicklungsschwelle im Flugzeugbau
Dr. A. Gerber, Zürich
Stand der Entwicklung der Raketen- und Lenktechnik

Heft 42:
Prof. Dr. Theodor Kraus, Köln
Lokalisationsphänomene und Raumordnung vom Standpunkt der geographischen Wissenschaft
Direktor Dr. Fritz Gummert, Essen
Vom Ernährungsversuchsfeld der Kohlenstoffbiologischen Forschungsstation Essen (Ein 6 Jahre lang

durchgeführter Versuch, einen Menschen aus dem Ertrag von 1250 qm zu ernähren).

Heft 43:
Prof. Giovanni Lampariello, Rom
Über Leben und Werk von Heinrich Hertz
Prof. Dr. Walter Weizel, Bonn
Über das Problem der Kausalität in der Physik

Heft 44:
Prof. Dr. Burckhardt Helferich, Bonn
Über Glykoside
Prof. Dr. Fritz Micheel, Münster
Kohlenhydrat-Eiweißverbindungen und ihre biochemische Bedeutung

Heft 45:
Prof. Dr. John von Neumann, Princeton/USA
Entwicklung und Ausnutzung neuerer mathematischer Maschinen
Prof. Dr. E. Stiefel, Zürich
Rechenautomaten im Dienste der Technik mit Beispielen aus dem Züricher Institut für angewandte Mathematik

Geisteswissenschaften

Heft 1:
Prof. Dr. W. Richter, Bonn,
Die Bedeutung der Geisteswissenschaften für die Bildung unserer Zeit
Prof. Dr. J. Ritter, Münster,
Die aristotelische Lehre vom Ursprung und Sinn der Theorie

Heft 2:
Prof. Dr. J. Kroll, Köln,
Elysium
Prof. Dr. G. Jachmann, Köln,
Die vierte Ekloge Vergils

Heft 3:
Prof. Dr. H. E. Stier, Münster,
Die klassische Demokratie

Heft 4:
Prof. Dr. W. Caskel, Köln,
Lihjan und Lihjanisch. Sprache und Kultur eines früharabischen Königreiches

Heft 5:
Prof. Dr. Th. Ohm, Münster,
Stammesreligionen im südlichen Tanganyika-Territorium. — Religionswissenschaftliche Ergebnisse meiner Ostafrikareise 1951

Heft 6:
Prälat Prof. Dr. G. Schreiber, Münster,
Deutsche Wissenschaftspolitik von Bismarck bis zum Atomphysiker Otto Hahn

Heft 7:
Prof. Dr. W. Holtzmann, Bonn,
Das mittelalterliche Imperium und die werdenden Nationen

Heft 8:
Prof. Dr. W. Caskel, Köln,
Die Bedeutung der Beduinen in der Geschichte der Araber

Heft 9:
Prälat Prof. Dr. Georg Schreiber, Münster
Iroschottische Motive im abendländischen Sakralraum

Heft 10:
Prof. Dr. P. Rassow, Köln,
Forschungen zur Reichsidee im 16. und 17. Jahrhundert

Heft 11:
Prof. Dr. H. E. Stier, Münster,
Roms Aufstieg zur Weltherrschaft

Heft 12:
Prof. Dr. D. K. H. Rengstorf, Münster,
Zum Problem der Gleichberechtigung zwischen Mann und Frau auf den Boden des Urchristentums
Prof. Dr. H. Conrad, Bonn,
Grundprobleme einer Reform des Familienrechts

Heft 13:
Professor Dr. Max Braubach, Bonn,
Der Weg zum 20. Juli 1944 — Ein Forschungsbericht

Heft 14:
Prof. Dr. Paul Hübinger, Münster
Das deutsch-französische Verhältnis und seine mittelalterlichen Grundlagen

Heft 15:
Prof. Dr. Franz Steinbach, Bonn,
Der geschichtliche Weg des wirtschaftenden Menschen in die soziale Freiheit und politische Verantwortung

Heft 16:
Prof. Dr. Josef Koch, Köln,
Die Ars coniecturalis des Nikolaus von Cues

Heft 17:
Dr. James B. Conant,
U.S.-Hochkommissar für Deutschland,
Staatsbürger und Wissenschaftler
Prof. Dr. D. Karl Heinrich Rengstorf, Münster,
Antike und Christentum

Heft 18:
Prof. Dr. Richard Alewyn, Köln,
Klopstocks Publikum

Heft 19:
Prof. Dr. Fritz Schalk, Köln,
Das Lächerliche in der französischen Literatur des Ancien Régime

Heft 20:
Prof. Dr. Ludwig Raiser, Bad Godesberg,
Präsident der Deutschen Forschungsgemeinschaft
Rechtsfragen der Mitbestimmung

Heft 21:
Prof. D. Martin Noth, Bonn,
Das Geschichtsverständnis der alttestamentlichen Apokalyptik

Heft 22:
Prof. Dr. Walter F. Schirmer, Bonn
Glück und Ende der Könige in Shakespeares Historien

Heft 23:
Prof. Dr. Günther Jachmann, Köln
Der homerische Schiffskatalog und die Ilias

Heft 24:
Prof. Dr. Theodor Klauser, Bonn
Die römischen Petrustraditionen im Lichte der neuen Ausgrabungen unter der Peterskirche

Heft 25:
Prof. Dr. Hans Peters, Köln
Der Grundsatz der Gewaltentrennung in heutiger Sicht

Heft 26:
Prof. Dr. Fritz Schalk, Köln
Calderon und die Mythologie

Heft 27:
Prof. Dr. Josef Kroll, Köln
Vom Leben Geflügelter Worte

Heft 28:
Prof. Dr. Thomas Ohm
Die Religionen in Asien

Heft 29:
Prof. Dr. Leo Weisgerber, Bonn
Die Ordnung der Sprache im persönlichen und öffentlichen Leben

Heft 30:
Prof. Dr. Werner Caskel, Köln
Entdeckungen in Arabien

Heft 31:
Prof. Dr. Max Braubach, Bonn
Entstehung und Entwicklung der landesgeschichtlichen Bestrebungen und historischen Vereine im Rheinland

Heft 32:
Prof. Dr. Fritz Schalk, Köln
Somnium und verwandte Wörter in den romanischen Sprachen

If you have any concerns about our products,
you can contact us on
ProductSafety@springernature.com

In case Publisher is established outside the EU,
the EU authorized representative is:
**Springer Nature Customer Service Center GmbH
Europaplatz 3, 69115 Heidelberg, Germany**

Printed by Libri Plureos GmbH
in Hamburg, Germany